现代水利工程与施工管理

官庆朔 张伟 黄汉峰 著

辽宁大学出版社 沈阳
Liaoning University Press

图书在版编目（CIP）数据

现代水利工程与施工管理/官庆朔，张伟，黄汉峰著. --沈阳：辽宁大学出版社，2024.12. --ISBN 978-7-5698-1870-3

Ⅰ.TV52；TV512

中国国家版本馆 CIP 数据核字第 2024RN3956 号

现代水利工程与施工管理
XIANDAI SHUILI GONGCHENG YU SHIGONG GUANLI

出 版 者：辽宁大学出版社有限责任公司
（地址：沈阳市皇姑区崇山中路 66 号　邮政编码：110036）
印 刷 者：沈阳文彩印务有限公司
发 行 者：辽宁大学出版社有限责任公司
幅面尺寸：170mm×240mm
印　　张：12.5
字　　数：230 千字
出版时间：2024 年 12 月第 1 版
印刷时间：2025 年 1 月第 1 次印刷
责任编辑：李天泽
封面设计：徐澄玥
责任校对：黄　铮

书　　号：ISBN 978-7-5698-1870-3
定　　价：88.00 元

联系电话：024-86864613
邮购热线：024-86830665
网　　址：http://press.lnu.edu.cn

前　言

在新时期背景下，水利工程作为国家基础设施建设的核心，承担着社会、经济和环境的多重重要功能。人口激增、城市化加速及气候变化等因素，使得水资源的合理分配和有效管理变得尤为关键。水利工程不仅涉及传统的防洪、灌溉、供水和发电，更在生态保护、水环境治理和应对极端气候事件中发挥着至关重要的作用。施工管理作为确保工程顺利进行的关键，其科学性和系统性直接影响工程质量和安全，进而决定水利工程的整体效益和可持续性。面对新挑战，水利工程与施工管理需不断创新，以适应时代发展需求，确保水资源的高效利用和长远保护。

本书全面阐述了新时期水利工程与施工管理。本书首先概述了水利工程的施工技术、设计原则到管理策略，然后深入分析了水利工程地基施工的关键技术，以及堤防工程的设计和施工方法。书中特别强调了施工进度与质量管理的重要性，以确保工程能够高效、安全地达到既定的质量标准。安全技术与管理作为不可或缺的内容，涵盖了防火防爆、危险品管理、机电设备安装以及施工现场用电安全等关键领域。随着信息化技术的发展，书中讨论了水利工程信息化建设的基础、配套保障技术及系统建设与运行管理，以适应技术进步带来的新需求。本书旨在为水利工程领域的专业人士提供深入的指导，推动该领域的科学发展和技术创新。

在撰写本书过程中,笔者参考了大量理论与研究文献,在此向涉及的专家学者表示衷心的感谢。然而,鉴于个人能力的限制,书中可能存在疏漏或不足之处。在此,恳请读者朋友批评指正!

目 录

第一章 水利工程施工基础 ……………………………………………………… 1

    第一节 水利工程施工技术 …………………………………………… 1

    第二节 水利工程施工设计 …………………………………………… 5

    第三节 水利工程施工管理 …………………………………………… 10

第二章 水利工程地基施工 ……………………………………………………… 23

    第一节 岩基处理方法 ………………………………………………… 23

    第二节 混凝土防渗墙 ………………………………………………… 33

    第三节 旋喷灌浆 ……………………………………………………… 42

第三章 水利工程堤防施工 ……………………………………………………… 47

    第一节 水利工程堤防概述 …………………………………………… 47

    第二节 水利工程堤防设计 …………………………………………… 53

    第三节 堤基及堤身施工 ……………………………………………… 59

第四章 水利工程进度与质量管理 ……………………………………………… 77

    第一节 水利工程施工进度管理 ……………………………………… 77

    第二节 水利工程施工质量控制 ……………………………………… 86

第五章 水利工程施工安全技术与管理 …………………………… 112

第一节 防火与防爆 …………………………………………… 112

第二节 危险品管理 …………………………………………… 119

第三节 机电设备安装安全管理 ……………………………… 130

第四节 施工现场用电安全管理 ……………………………… 138

第六章 新时期水利信息化建设发展 ………………………………… 148

第一节 水利工程信息化建设基础 …………………………… 148

第二节 水利信息化系统的配套保障技术 …………………… 154

第三节 水利信息化系统建设与运行管理 …………………… 184

参考文献 …………………………………………………………………… 190

第一章 水利工程施工基础

第一节 水利工程施工技术

中国水利工程建设正处于高峰阶段,是目前世界上水利工程施工规模最大的国家。近些年,中国水利工程施工的新技术、新工艺、新装备取得了举世瞩目的成就。在基础工程、堤防工程、导截流工程、地下工程、爆破工程等许多领域,中国都处于领先地位。在施工关键技术上取得了新的突破,通过大容量、高效率的配套施工机械装备更新改建,中国大型水利工程施工速度和规模有了很大提高。新型机械设备在堤坝施工中的应用,有效提高了施工效率。系统工程的应用,进一步提高了施工组织管理的水平。

一、土石方施工

土石方施工是水利工程施工的重要组成部分。中国自 20 世纪 50 年代开始逐步实施机械化施工,至 80 年代以后,土石方施工得到快速发展,在工程规模、机械化水平、施工技术等各方面取得了很大的成就,解决了一系列复杂地质、地形条件下的施工难题,如深厚覆盖层的坝基处理、筑坝材料、坝体填筑、混凝土面板防裂、沥青混凝土防渗等施工技术问题。其中,在工程爆破技术、土石方机械化施工等方面已处于国际先进水平。

(一)工程爆破技术

炸药与起爆器材的日益更新,施工机械化水平的不断提高,为爆破技术的发展创造了重要条件。多年来,爆破施工从手风钻为主发展到潜孔钻,并由低风压向中高风压发展,为加大钻孔直径和速度创造了条件;引进的液压钻机,进一步提高了钻孔效率和精度;多臂钻机及反井钻机的采用,使地下工程的钻孔爆破进入了新阶段。近年来,引进开发混装炸药车,实现了现场连续式自动化合成炸药生产工艺和装药机械化,进一步稳定了产品质量,改善了生产条件,提高了装药水平和爆破效果。此外,深孔梯段爆破、洞室爆破开采坝体堆石料技术也日臻完善，既满足了坝料的级配要求，又加快了坝料的开挖速度。

（二）土石方明挖

凿岩机具和爆破器材的不断创新，极大地促进了梯段爆破及控制爆破技术的进步，使原有的微差爆破、预裂爆破、光面爆破等技术更趋完善；施工机具的大型化、系统化、自动化使得施工工艺、施工方法取得了重大变革。

1. 施工机械

中国土石方明挖施工机械化起步较晚，20世纪40年代末兴建的一些大型水电站除黄河三门峡工程外，都经历了从半机械化逐步向机械化施工发展的过程。常用的机械设备有钻孔机械、挖装机械、运输机械和辅助机械等四大类，形成配套的开挖设备。

2. 控制爆破技术

基岩保护层原为分层开挖，经多个工程试验研究和推广应用，发展到水平预裂（或光面）爆破法和孔底设柔性垫层的小梯段爆破法一次爆除，确保了开挖质量，加快了施工进度。特殊部位的控制爆破技术解决了在新浇混凝土结构、基岩灌浆区、锚喷支护区附近进行开挖爆破的难题。

3. 高陡边坡开挖

近年来开工兴建的大型水电站开挖的高陡边坡较多。

4. 土石方平衡

大型水利工程施工中，十分重视开挖料利用，力求挖填平衡。开挖料用作坝（堰）体填筑料、截流用料和加工制作混凝土砂石骨料等。

5. 高边坡加固技术

水利工程高边坡常用的处理方法有抗滑结构、锚固以及减载、排水等综合措施。

（三）抗滑结构

1. 抗滑桩

抗滑桩能有效而经济地治理滑坡，尤其是滑动面倾角较缓时，效果更好。

2. 沉井

沉井在滑坡工程中既起抗滑桩的作用，同时具备挡土墙的作用。

3. 挡墙

混凝土挡墙能有效地从局部改变滑坡体的受力平衡，阻止滑坡体变形的延展。

4. 框架、喷护

混凝土框架对滑坡体表层坡体起保护作用并增强坡体的整体性，防止地表水渗入和坡体风化。框架护坡具有结构物轻、用料省、施工方便、适用面广、便于排水等优点,并可与其他措施结合使用。另外,耕植草木植被也是治理永久边坡的常用措施。

(四) 锚固技术

预应力锚索具有不破坏岩体结构、施工灵活、速度快、干扰小、受力可靠、主动承载等优点,在边坡治理中应用广泛。大吨位岩体预应力锚固吨位已提高到6167kN,张拉设备出力提高到6000kN,锚索长度达61.6m,可加固坝体、坝基、岩体边坡、地下洞室围岩等,达到了国际先进水平。

二、混凝土施工

(一) 混凝土施工技术

目前,混凝土坝采用的主要技术状况如下:①混凝土骨料人工生产系统进入国际水平。采用人工骨料生产工艺流程,可以调整骨料粒径和级配。生产系统配制了先进的破碎轧制设备。②为满足大坝高强度浇筑混凝土的需要,从拌和、运输和仓面作业等系统配置大容量、高效率的机械设备。使用大型塔机、缆式起重机、胎带机和塔带机,这些施工机械代表了中国混凝土运输的先进水平。③大型工程混凝土温度控制,主要采用风冷骨料技术,效果好,实用。④减少混凝土裂缝,广泛采用补偿收缩混凝土。应用低热膨胀混凝土筑坝技术,可节省投资,简化温控,缩短工期。一些高拱坝的坝体混凝土,采用外掺氧化镁进行温度变形补偿。⑤中型工程广泛采用组合钢模板,而大型工程普遍采用大型钢模板的悬臂钢模板。模板尺寸有2m×3m、3m×2.5m、3m×3m多种规格。滑动模板在大坝溢流面、隧洞、竖井、混凝土井中应用广泛。牵引动力有的为液压千斤顶提升,有的为液压提升平台上升,有的是有轨拉模,有的已发展为无轨拉模。

(二) 泵送混凝土技术

泵送混凝土是指混凝土从混凝土搅拌运输车或储料斗中卸入混凝土泵的料斗,利用泵的压力将混凝土沿管道水平或垂直输送到浇筑地点的工艺。它具有输送能力大、速度快、效率高、节省人力、能连续作业等特点。目前应用日趋广泛,在中国,目前的高层建筑及水利工程领域中,已较广泛地采用了此技术,并取得了较好的效果。泵送混凝土对设备、原材料、操作都有较高的要求。

1. 对设备的要求

(1) 混凝土泵

混凝土泵有活塞泵、气压泵、挤压泵等几种不同的构造和输送方式,目前应用较多的是活塞泵,这是一种较先进的混凝土泵。施工时现场规划要合理布置泵车的安放位置，一般应尽量靠近浇筑地点，并满足两台泵车同时就位，以使混凝土泵连续浇筑。泵的输送能力为 $80m^3/h$。

（2）输送管道

输送管道一般由钢管制成，有直径 125mm、150mm 或 100mm 型号，具体型号取决于粗骨料的最大粒径。管道敷设时要求路线短、弯道少、接头密。管道清洗一般选择水洗。要求水压力不能超过规定，而且人员应远离管道，并设置防护装置以免伤人。

2. 对原材料的要求

原材料要求混凝土有可泵性，即在泵压作用下，混凝土能在输送管道中连续稳定地通过而不产生离析的性能，它取决于拌和物本身的和易性。在实际应用中，和易性往往根据坍落度来判断，坍落度越小，和易性也越小。但坍落度太大又会影响混凝土的强度，因此一般认为 8~20cm 较合适，具体值要根据泵送距离、气温来决定。

（1）水泥

要求选择保水性好、泌水性小的水泥，一般选硅酸盐水泥及普通硅酸盐水泥。但由于硅酸盐水泥水化热较大，不宜用于大体积混凝土工程，施工中一般掺入粉煤灰。掺入粉煤灰不仅对降低大体积混凝土的水化热有利，还能改善混凝土的黏塑性和保水性，对泵送也是有利的。

（2）骨料

骨料的种类、形状、粒径和级配对泵送混凝土的性能有很大影响，必须予以严格控制。

粗骨料的最大粒径与输送管内径之比宜为 1∶3（碎石）或 1∶2.5（卵石）。另外，要求骨料颗粒级配尽量理想。

细骨料的细度模数为 2.3~3.2。粒径在 0.315mm 以下的细骨料所占的比例不应小于 15%，最好达到 20%。这对改善可泵性非常重要。

粉煤灰作为一种常见的掺合料，掺入粉煤灰可显著提高混凝土的流动性。

3. 对操作的要求

泵送混凝土时应注意以下规定：①原材料与试验一致。②材料供应要连续、稳定，以保证混凝土泵能连续运作，计量自动化。③检查输送管接头的橡皮密封圈，保证密封完好。④泵送前，应先用适量的与混凝土成分相同的水泥浆或水泥砂浆润滑输送管内壁。⑤试验人员随时检测出料的坍落度，及时调整，运输时间控制在初凝（45min）内。预计泵送间歇时间超过 45min 或混凝土出现离析现象时，对该部分混凝土做废料处理，立即用压力水或其他方法冲洗管内残留混凝土。⑥泵送时，泵体料斗内应经常有足够混凝土，防止吸入空气形成阻塞。

三、新技术、新材料、新工艺、新设备的使用

（一）聚脲弹性体技术

喷涂聚脲弹性体技术是近年来为适应环保需求而研制开发的一种新型无溶剂、无污染的绿色施工技术。它具有以下优点：①无毒性，满足环保要求。②力学性能好，拉伸强度最高可达 27.0MPa，撕裂强度为 43.9～105.4kN/m。③抗冲耐磨性能强，其抗冲磨能力是 C40 混凝土的 10 倍以上。④防渗性能好，在 2.0MPa 水压作用下，24h 不渗漏。⑤低温柔性好，在 −30℃ 下对折不产生裂纹。⑥耐腐蚀性强，在水、酸、碱、油等介质中长期浸泡，性能不降低。⑦具有较强的附着力，与混凝土、砂浆、沥青、塑料、铝及木材等都有很好的附着力。⑧固化速度快，5s 凝胶，1min 即可达到可步行的强度。可在任意曲面、斜面及垂直面上喷涂成型，涂层表面平整、光滑，对基材形成良好的保护和装饰作用。

（二）大型水利施工机械

针对南水北调重点工程建设研制开发多种形式的低扬程大流量水泵、盾构机及其配套系统、大断面渠道衬砌机械、斗轮式挖掘机（用于渠道开挖）、全断面隧道岩石掘进机（TBM）。研制开发人工制砂设备、成品砂石脱水干燥设备、特大型预冷式混凝土搅拌楼、双卧轴液压驱动强制式搅拌楼、混凝土快速布料塔带机和胎带机、大骨料混凝土输送泵成套设备等。

第二节　水利工程施工设计

一、按阶段编制设计文件

不同设计阶段，施工组织设计的基本内容和深度要求不同。

（一）可行性研究报告阶段

执行《水利水电工程可行性研究报告编制规程》（SL/T 618—2021）第 9 章"施工组织设计"的有关规定，其深度应满足编制工程投资估算的要求。

（二）初步设计阶段

执行《水利水电工程初步设计报告编制规程》（SL/T 619—2021）第 9 章"施工组织设计"的有关规定，并执行《水利水电工程施工组织设计规范》（SL 303—2017），其深度应满足编制总概算的要求。

（三）技施设计阶段

技施设计阶段主要是进行招投标阶段的施工组织设计（即施工规划、招标阶段后的施工组织设计由施工承包单位负责完成），执行或参照执行《水利水电工程施工组织设计规范》（SL 303—2017），其深度应满足招标文件、合同价标底编制的需要。

二、施工组织设计的作用、任务和内容

（一）施工组织设计的作用

施工组织设计是水利水电工程设计文件的重要组成部分，是确定枢纽布置、优化工程设计、编制工程总概算及国家控制工程投资的重要依据，是组织工程建设和施工管理的指导性文件。做好施工组织设计，对正确选定坝址、坝型、枢纽布置及对工程设计优化，以及合理组织工程施工、保证工程质量、缩短建设工期、降低工程造价、提高工程效益等都有十分重要的作用。

（二）施工组织设计的任务

施工组织设计的主要任务是根据工程地区的自然、经济和社会条件，制定合理的施工组织设计方案，包括合理的施工导流方案，合理的施工工期和进度计划，合理的施工场地组织设施与施工规模，以及合理的生产工艺与结构物形式，合理的投资计划、劳动组织和技术供应计划，为确定工程概算、确定工期、合理组织施工、进行科学管理、保证工程质量、降低工程造价、缩短建设周期、提供切实可行和可靠的依据。

（三）施工组织设计的内容

1. 施工条件分析

施工条件包括工程条件、自然条件、物质资源供应条件以及社会经济条件等，具体有：工程所在地点，对外交通运输情况，枢纽建筑物及其特征；地形、地质、水文、气象条件；主要建筑材料来源和供应条件，当地水源、电源情况；施工期间通航、过木、过鱼、供水、环保等要求，国家对工期、分期投产的要求，施工用电、居民安置，以及与工程施工有关的协作条件等。

总之，施工条件分析需在简要阐明上述条件的基础上，着重分析它们对工程施工可能带来的影响和后果。

2. 施工导流设计

施工导流设计应在综合分析导流的基础上，确定导流标准，划分导流时段，明确施工分期，选择导流方案、导流方式和导流建筑物，进行导流建筑物的设计，提出导流建筑物的施工安排，拟定截流、拦洪、排水、通航、过水、下闸封孔、供水、蓄水、发电等措施。

3. 主体工程施工

主体工程包括挡水、泄水、引水、发电、通航等主要建筑物，应根据各自的施工条件，对施工程序、施工方法、施工强度、施工布置、施工进度和施工机械等问题，进行比较和选择。必要时，对其中的关键技术问题，如特殊基础的处理、大体积混凝土温度控制、土石坝合龙、拦洪等问题，做出专门的设计和论证。

对于有机电设备和金属结构安装任务的工程项目，应对主要机电设备和金属结构，如水轮发电机组、升压输变设备、闸门、启闭设备等的加工、制作、运输、预拼装、吊装以及土建工程与安装工程的施工顺序等问题，做出相应的设计和论证。

4. 施工交通运输

施工交通运输分对外交通运输和场内交通运输。

其中，对外交通运输是在弄清现有对外水陆交通和发展规划的情况下，根据工程对外运输总量、运输强度和重大部件的运输要求，确定对外交通运输方式，选择线路和线路的标准，规划沿线重大设施和与国家干线的连接，提出相应的工程量。施工期间，若有船、木过坝问题，应做出专门的分析论证，提出解决方案。

5. 施工工厂设施和大型临建工程

施工工厂设施如混凝土骨料开采加工系统、土石料场和土石料加工系统、混凝土拌和系统和制冷系统、机械修配系统、汽车修配厂、钢筋加工厂、预制构件厂、照明系统以及风、水、电、通信等，均应根据施工的任务和要求，分别确定各自位置、规模、设备容量、生产工艺、工艺设备、平面布置、占地面积、建筑面积和土建安装工程量，并提出土建安装进度和分期投产的计划。

大型临建工程，如施工栈桥、过河桥梁、缆机平台等，要做出专门设计，确定其工程量和施工进度安排。

6. 施工总布置

施工总布置的主要任务是根据施工场区的地形地貌、枢纽主要建筑物的施工方案、各项临建设施的布置方案，对施工场地进行分期分区和分标规划，确定分期分区布置方案和各承包单位的场地范围。对土石方的开挖、堆弃和填筑进行综合平衡，提出各类房屋分区布置一览表，估计施工征地面积，提出占地计划，研究施工还地造田的可能性。

7. 施工总进度

施工总进度的安排必须符合国家对工程投产所提出的要求。为了合理安排施工进度计划，必须仔细分析工程规模、导流程序、对外交通、资源供应、临建准备等各项控制因素，拟定整个工程（包括准备工程、主体工程和结束工作在内）的施工总进度计划，确定各项目的起讫日期和相互之间的衔接关系；对导流截流、拦洪度汛、封孔蓄水、供水发电等控制环节工程应达到的程度，须做出专门的论证；对土石方、混凝土等主要工程的施工强度，以及劳动力、主要建筑材料、主要机械设备的需用量，要进行综合平衡；要分析施工工期和工程费用的关系，提出合理工期的推荐意见。

8. 主要技术供应计划

根据施工总进度的安排和定额资料的分析，对主要建筑材料（如钢材、木材、水泥、粉煤灰、油料、炸药等）和主要施工机械设备，列出总需要量和分年需要量计划。

此外，在施工组织设计中，必要时还需要进行试验研究和补充勘测的建议，为进一步深入设计和研究提供依据。

在完成上述设计内容时，还应提出以下图件：①施工场外交通图。②施工总布置图。③施工转运站规划布置图。④施工征地规划范围图。⑤施工导流方案综合比较图。⑥施工导流分期布置图。⑦导流建筑物结构布置图。⑧导流建筑物施工方法示意图。⑨施工期通航过木布置图。⑩主要建筑物土石方开挖施工程序及基础处理示意图。⑪主要建筑物混凝土施工程序、施工方法及施工布置示意图。⑫主要建筑物土石方填筑程序、施工方法及施工布置示意图。⑬地下工程开挖、衬砌施工程序和施工方法及施工布置示意图。⑭机电设备、金属结构安装施工示意图。⑮砂石料系统生产工艺布置图。⑯混凝土拌和系统及制冷系统布置图。⑰当地建筑材料开采、加工及运输线路布置图。⑱施工总进度表及施工关键线路图。

三、施工组织设计的编制资料及编制原则、依据

(一) 编制施工组织设计所需要的主要资料

1. 可行性研究报告施工部分需收集的基本资料

可行性研究报告施工部分需收集的基本资料包括：①可行性研究报告阶段的水工及机电设计成果。②工程建设地点的对外交通现状及近期发展规划。③工程建设地点及附近可能提供的施工场地情况。④工程建设地点的水文气象资料。⑤施工期（包括初期蓄水期）通航、过木、下游用水等要求。⑥建筑材料的来源和供应条件调查资料。⑦施工区水源、电源情况及供应条件。⑧地方及各部门对工程建设期的要求及意见。

2. 初步设计阶段施工组织设计需补充收集的基本资料

初步设计阶段施工组织设计需补充收集的基本资料包括：①可行性研究报

告及可行性研究阶段收集的基本资料。②初步设计阶段的水工及机电设计成果。③进一步调查落实可行性研究阶段收集的②~⑦项资料。④当地可能提供修理、加工能力情况。⑤当地承包市场情况,当地可能提供的劳动力情况。⑥当地可能提供的生活必需品的供应情况,居民的生活习惯。⑦工程所在河段水文资料、洪水特性、各种频率的流量及洪量、水位与流量关系、冬季冰凌情况(北方河流)、施工区各支沟各种频率洪水、泥石流,以及上下游水利工程对本工程的影响情况。⑧工程地点的地形、地貌、水文地质条件,以及气温、水温、地温、降水、风、冻层、冰情和雾的特性资料。

3. 技施阶段施工规划需进一步收集的基本资料

技施阶段施工规划需进一步收集的基本资料包括:①初步设计中的施工组织总设计文件及初步设计阶段收集到的基本资料。②技施阶段的水工及机电设计资料与成果。③进一步收集国内基础资料和市场资料,主要内容有:工程开发地区的自然条件、社会经济条件、卫生医疗条件、生活与生产供应条件、动力供应条件、通信及内外交通条件等;国内市场可能提供的物资供应条件及技术规格、技术标准;国内市场可能提供的生产、生活服务条件;劳务供应条件、劳务技术标准与供应渠道;工程开发项目所涉及的有关法律、规定;上级主管部门或业主单位对开发项目的有关指示;项目资金来源、组成及分配情况;项目贷款银行(或机构)对贷款项目的有关指导性文件;技术设计中有关地质、测量、建材、水文、气象、科研、试验等资料与成果;有关设备订货资料与信息;国内承包市场有关技术、经济动态与信息。④补充收集国外基础资料与市场信息(国际招标工程需要),主要内容有:国际承包市场同类型工程技术水平与主要承包商的基本情况;国际承包市场同类型工程的商业动态与经济动态;工程开发项目所涉及的物资、设备供货厂商的基本情况;海外运输条件与保险业务情况;工程开发项目所涉及的有关国家政策、法律、规定;由国外机构进行的有关设计、科研、试验、订货等资料与成果。

(二) 施工组织设计编制原则

施工组织设计编制应遵循以下原则:①执行国家有关方针、政策,严格执行国家基建程序和遵守有关技术标准、规程规范,并符合国内招标投标的规定和国际招标投标的惯例。②面向社会,深入调查,收集市场信息。根据工程特点,因地制宜地提出施工方案,并进行全面的技术经济比较。③结合国情积极开发和推广新技术、新材料、新工艺和新设备。凡经实践证明技术经济效益显著的科研成果,应尽量采用,努力提高技术水平和经济效益。④统筹安排、综合平衡,妥善协调各分部分项工程,均衡施工。

(三) 施工组织设计编制依据

施工组织设计编制依据有以下几方面：①本阶段施工组织设计成果及上级单位或业主的审批意见。②本阶段水工、机电等专业的设计成果，有关工艺试验或生产性试验成果及各专业对施工的要求。③工程所在地区的施工条件（包括自然条件、水电供应、交通、环保、旅游、防洪、灌溉、航运及规划等）和本阶段最新调查成果。④目前国内外可能达到的施工水平、施工设备及材料供应情况。⑤上级机关、国民经济各有关部门、地方政府以及业主单位对工程施工的要求、指令、协议、有关法律和规定。

第三节 水利工程施工管理

一、水利工程施工管理的概念及要素

(一) 水利工程项目施工管理的定义

水利工程项目施工管理与其他行业工程项目施工管理一样，是随着社会的发展进步和项目的日益复杂化，经过水利系统几代人的努力，在总结前人历史经验，吸纳其他行业成功模式和研究世界先进管理水平的基础上，结合本行业特点逐渐形成的一门公益性基础设施项目管理学科。水利工程项目施工管理的理念在当今社会人们的生产实践和日常工作中起到了极其重要的作用。对每一个工程，上级主管部门、建设单位、设计单位、科研单位、招标代理机构、监理单位、施工单位、工程管理单位、当地政府及有关部门甚至老百姓等与工程有关甚至无关的单位和个人，无不关心工程项目的施工管理，因此，学习和掌握水利工程项目施工管理对从事水利行业的人员都有一定的积极作用，尤其对具有水利工程施工资质的企业和管理人员来说，学会并总结水利工程项目施工管理将提高工程项目实施效益和企业声誉，从而扩展企业市场，发展企业规模，壮大企业实力，振兴水利事业，更是作为一名水利建造师应该了解和熟悉的一门综合管理学科。

施工管理水平的提高对于中标企业尤其是项目部来说，是缩短建设工期、降低施工成本、确保工程质量、保证施工安全、增强企业信誉、开拓经营市场的关键，历来被各专业施工企业所重视。施工管理涉及工艺操作、技术掌控、工种配合、经济运作和关系协调等综合活动，是管理战略和实施战术的良好结合及运用，因此，整个管理活动的主要程序及内容是：①从制定各种计划（或控制目标）开始，通过制定的计划（或控制目标）进行协调和优化，从而确定管理目标；②按照确定的计划（或控制目标）进行以组织、指挥、协调和控制为中心的连贯实施活动；③依据实施过程中反馈和收集的相关信息及时调整原来的计划（或控制目标）形成新的计划（或控制目标）；④按照新的计划（或控制目标）继续进行组织、指挥、协调、控制和调整等核心的具体实施活动，周而复始直至达到或实现既定的管理目标。

水利工程项目施工管理就字面意思解释就是施工企业对其中标的工程项目派出专人，负责在施工过程中对各种资源进行计划、组织、协调和控制，最终实现管理目标的综合活动。这是最基本和最简单的概念理解，它包含三层意思：

一是水利工程项目施工管理是工程项目管理范畴，更是在管理的大范围内，领域是宽广的，内容是丰富的，知识和经验是综合的。

二是水利工程项目施工管理的对象就是水利水电工程项目施工全过程，对施工企业来说就是企业以往、在建和今后待建的各个工程项目的施工管理，对项目部而言，就是项目部本身正在实施的项目建设过程的管理。

三是水利工程项目施工管理是一个组织系统和实施过程，着重点是计划、组织和控制。

由此可见，水利工程项目施工管理随着工程项目设计的日益发展和对项目施工管理的总结完善，已经从原始的意识决定行为上升到科学的组织管理以及总结提炼这种组织管理而形成的行业管理学科，也就是说它既是一种有意识地按照水利工程项目施工的特点和规律对工程项目实施组织和管理的活动，又是以水利工程项目施工组织管理活动为研究对象的一门新兴科学，专门研究和探求对水利工程项目施工活动怎样进行科学组织管理的理论和方法，从对客观实践活动进行理论总结到以理论总结指导客观实践活动，二者互相促进，相互统一，共同发展。

基于以上观点，这里给水利工程项目施工管理定义：

水利工程项目施工管理是以水利工程建设项目施工为管理对象，通过一个临时固定的专业柔性组织，对施工过程进行有针对性和高效率的规划、设计、组织、指挥、协调、控制、落实和总结的动态管理，最终达到管理目标的综合协调与优化的系统管理方法。

所谓实现水利工程施工项目全过程的动态管理是指在施工项目的规定施工期内，按照一定总体计划和目标，不断进行资源的配置和协调，不断做出科学决策，从而使项目施工的全过程处于最佳的控制和运行状态，最终产生最佳的效果；所谓施工项目目标的综合协调与优化是指施工项目管理应综合协调好技术、质量、工期、安全、资源、资金、成本、文明环保、内外协调等约束性目标，在相对最短的时期内成功地达到合同约定的成果性目标并争取获得最佳的社会影响。水利工程施工项目管理的日常活动通常是围绕施工规划、施工设计、施工组织、施工质量、安全管理、资源调配、成本控制、工期控制、文明施工和环境保护等九项基本任务来展开的。

水利工程项目施工管理贯穿于项目施工的整个实施过程，它是一种运用既有规律又无定式且经济的方法，通过对施工项目进行高效率的规划、设计、组织、指导、控制、落实等手段，在时间、费用、技术、质量、安全等综合效果上达到预期目标。

水利工程项目施工的特点也表明它所需要的管理及其管理办法与一般作业管理不同，一般的作业管理只需对效率和质量进行考核，并注重将当前的执行情况与前期进行比较。在典型的项目环境中，尽管一般的管理办法也适用，但管理结构须以任务（活动）定义为基础来建立，以便进行时间、费用和人力的预算控制，并对技术、风险进行管理。在水利工程项目施工管理过程中，项目施工管理者并不亲自对资源的调配负责，而是制订计划后通过有关职能部门调配并安排和使用资源，调拨什么样的资源、什么时间调拨、调拨数量多少等，取决于施工技术方案、施工质量和施工进度等要求。

水利工程项目施工管理根据工程类型、使用功能、地理位置和技术难度等不同其组织管理的程序和内容有较大的差异，一般来说，建筑物工程在技术上比单纯的土石方工程复杂，工程项目和工程内容比较繁杂，涉及的各种材料、机电设备、工艺程序、参建人员、职能部门、各种资源、管理内容等较多，不确定性因素占的比例较重，尤其是一些大型水电站、水闸、船闸和泵站等枢纽工程，其组织管理的复杂程度和技术难度远远高于土石方工程；同时，同一类型的工程因大小、地理位置和设计功能等之别，在组织管理上虽有类同但是因质量标准、施工季节、作业难度、地理环境等不同也存在很大的差别，因此，针对不同的施工项目制定不同的组织管理模式和施工管理方法是组织和管理好该项目的关键，不能生搬硬套一条路走到黑。目前水利工程项目施工管理已经在几乎所有的水利工程建设领域中被广泛应用。

水利工程项目施工管理是以项目经理负责制为基础的目标管理。一般来讲，水利工程施工管理是按任务（垂直结构）而不是按职能（平行结构）组织起来的。施工管理的主要任务一般包括项目规划、项目设计、项目组织、质量管理、资源调配、安全管理、成本控制、进度控制和文明环保措施等九大项。常规的水利工程施工管理活动通常是围绕这九项基本任务来展开的，这也是项目经理的主要工作线和面。

施工管理自诞生以来发展迅速，目前已发展为三维管理体系：

1. 时间维

时间维是指把整个项目的施工总周期划分为若干个阶段计划和单元计划，进行单元和阶段计划控制，各个单元计划实现了就能保证阶段计划实现，各个阶段计划完成了就能确保整个计划的落实，即人们常说的"以单元工期保阶段工期，以阶段工期保整体工期"。

2. 技术维

技术维是指针对项目施工周期的各不同阶段和单元计划，制定和利用不同的施工方法和组织管理方法并突出重点。

3. 保障维

保障维是指对项目施工的人、财、物、技术、制度、信息、协调等的后勤保障管理。

(二) 水利工程项目施工管理的要素

要理解水利工程项目施工管理的定义就必须理解项目施工管理所涉及的有关直接和间接要素，资源是项目施工得以实施的最根本保证，需求和目标是项目施工实施结果的基本要求，环境和协调是项目施工取得成功的可靠依据。

1. 资源

资源的概念和内容十分广泛，可以简单地理解为一切具有现实和潜在价值的东西都是资源，包括自然资源和人造资源、内部资源和外部资源、有形资源和无形资源。诸如人力和人才、材料、资金、信息、科学技术、市场、无形资产、专利、商标、信誉以及社会关系等。在当今社会科学技术飞速发展的时期，知识经济的时代正向人们走来，知识作为无形资源的价值表现得更加突出。资源轻型化、软化的现象值得人们重视。在工程施工管理中，人们要及早摆脱仅管好、用好硬资源的历史，尽早学会和掌握学好、用好软资源，这样才能跟上时代的步伐，才能真正组织和管理好各种工程项目的施工过程。

水利工程项目施工管理本身作为管理方法和手段，随着社会的进步和高科技在工程领域的应用和发展，已经成为一种广泛的社会资源，它给社会和企业带来的直接和间接效益不是用简单的数字就可以表达出来的。

由于工程项目固有的一次性特点，工程施工项目资源不同于其他组织机构的资源，它具有明显的临时拥有和使用特性；资金要在工程项目开工后从发包方预付和计量，特殊情况下中标企业还要临时垫支；人力（人才）需要根据承接的工程情况挑选和组织甚至招聘；施工技术和工艺方法没有完全的成套模式，只能参照以往的经验和相关项目的实施方法，经总结和分析后，结合自身情况和要求制定；施工设备和材料必须根据该工程具体施工方法和设计临时调拨和采购，周转材料和部分常规设备还可以在工程所在地临时租赁；社会关系在当今是比较复杂的,一个工程一个人群环境,需要有尽量适应新环境和新人群的意识,不能我行我素,固执己见,要具备适应新的环境和人群的能力和素质;执行的标准和规程一个项目一套制度,即使同一个企业安排同样数量的管理人员也是数同人不同,即使人同项目内容和位置等也不同。因此,水利工程项目施工过程中资源需求变化很大,有些资源用尽前或不用后要及时偿还或遣散,如永久材料和人力资源及周转性材料和施工设备等,在施工过程中根据进度要求随时有增减,各单元及阶段计划变化较大。任何资源积压、滞留或短缺都会给项目施工带来损失,因此,合理、高效地使用和调配资源对工程项目施工管理尤为重要,学会和掌握了对各种施工资源的有序组织、合理使用和科学调配,就掌握了水利工程项目施工管理的精华,就可以立于项目管理的不败之地。

2. 需求和目标

水利工程项目施工其利益相关者的需求和目标是不同和复杂的。通常把需求分为两类:一类是必须满足的基本需求,另一类是附加获取的期望要求。

就工程项目部而言,其基本需求包括工程项目实施的范围内容、质量要求、利润或成本目标、时间目标、安全目标、文明施工和环境保护目标以及必须满足的法规要求和合同约定等。在一定范围内,施工质量、成本控制、工期进度、安全生产、文明施工和环境保护等五者是相互制约的。一般而言,当工期进度要求不变时,施工质量要求越高,则施工成本就越高;当施工成本不变时,施工质量要求越高,则工期进度相对越慢;当施工质量标准不变时,施工进度过快或过慢都会导致施工成本增加;在施工进度相对紧张的时期,往往会放松了安全管理,造成各种事故的发生反而延缓了施工时间;文明施工和环境保护要达标必然直接增加工程成本,往往被一些计较效益的管理者忽视,有的干脆应付或放弃。殊不知,做好文明施工和环境保护工作恰恰给安全生产、施工环境、工程质量和工期目标等综合方面创造了有利条件,这个目标的实现可能会给项目或企业产生意想不到的间接效益和社会影响。施工管理的目的是谋求快、好、省、安全、文明和赞誉等的有机统一,好中求快、快中求省、好、快、省中求安全和文明并最终获得最佳赞誉,是每一个工程项目管理者所追求的最高目标。

如果把项目实施的范围和规模一起考虑在内的话,可以将控制成本替代追求利润作为项目管理实现的最终目标(施工项目利润=施工项目收益-施工实际成本)。工程项目施工管理要寻求使施工成本最小从而达到利润最大的工程项目实施策略和规划。因而,科学合理地确定该工程相应的费用成本是实现最好效益的基础和前提。

期望要求是企业常常通过该项目的实施树立形象、站稳市场、开辟市场、争取支持、减少阻力、扩大影响并获取最大的间接利益。比如，一个施工企业在一个分期实施的系列工程刚开始实施的时候，有机会通过第一个中标项目进入该系列工程，明智的企业决策者对该项目一定很重视，除了在项目部人员和设备配置上花费超出老市场或单期工程的代价之外，还会要求项目部在确保工程施工硬件的基础上，完善软件效果。硬件创造品牌，软件树立形象，硬软结合产生综合效益，这是任何正规企业的管理者都应该明白的道理，因此，一个新市场的新项目或一个系列工程的第一次中标对急于开辟该市场或稳定市场的企业来说无异于雪中送炭，重视的绝不仅仅是该工程建设的质量和眼前的效益，而是通过组织管理达到施工质量优良、施工工期提前、安全生产保障、施工成本最小、文明施工和环境保护措施有效、关系协调有力、业主评价良好、合作伙伴宣传、设计和监理放心、运行单位满意、主管部门高兴、地方政府支持、社会影响良好等综合效果。在此强调新市场项目或分期工程，并不是说对一些单期工程或老市场的项目企业就可以不重视，同样应当根据具体情况制定适合工程项目管理的考核目标和计划，只是期望要求有所侧重而已。任何时候企业的愿望都是好的，如果项目部尤其是项目经理能真正不辜负企业的期望将项目组织和管理好，就完全可以达到企业预期的愿望。

对于在工程项目施工过程中项目部所面对的其他利益相关者，如发包方、设计单位、监理单位、地方相关部门、当地百姓、供货商、分包商等，它们的需求又和项目部不同，各有各的需求目标，在此不一一赘述。

总之，一个施工项目的不同利益相关者各有不同的需求，有的相差甚远，甚至是互相抵触和矛盾的。这就更需要工程项目管理者对这些不同的需求者加以协调和分别，统筹兼顾，分类管理，以取得大局稳定和平衡，最大限度地调动工程项目所有利益相关者的积极性，减少他们对工程项目施工组织管理带来的阻力和消极影响。

3. 环境和协调

要使工程项目施工管理取得成功，项目经理除了需要对项目本身的组织及其内部环境有充分的了解外，还需要对工程项目所处的外部环境有正确的认识和把握，同时，根据内外部环境加以有效协调和驾驭，才能达到内部团结合作，外部友好和谐。内外部环境和协调涉及的领域十分广泛，每个领域的历史、现状和发展趋势都可能对工程项目施工管理产生或多或少的影响，在某种特定情况下甚至是决定性的影响。对内部环境的协调在其他章节逐步讲述，在此仅就水利工程项目施工外部环境的协调作简要说明。

(1) 文化和意识

文化是人们在社会历史发展进程中所创造的物质财富和精神财富的总和,一般特指精神财富,如文学、艺术、音乐、教育、科学等,也包括行为方式、制度、惯例等。工程项目施工管理也要了解工程所在地的文化,尊重当地的风俗习惯。例如,制订施工项目进度计划时必须考虑当地的节假日习惯;在工程项目沟通中,善于在适当的时候使用当地的文字、语言和交往方式,往往能取得意想不到的效果。文化也可以逐渐融合,在工程项目施工过程中,通过不同文化的交流,可以减少摩擦、增进理解、取长补短、互相促进。尤其在少数民族、边远地区或有特殊文化背景的地方施工,更要充分了解当地情况。

(2) 规章和标准

规章和标准是不同行业对其产品、工艺、服务或建设等的特征做出定性和参照规定的文件,规章是强制性执行的,没有空间余地,而标准是要求或希望达到的目标,并带有提倡性、推广性、参照性、普及性,并不具有强制执行的性质。

规章包括国家法律、法规和行业或地方规章,也包括单位内部制定的制度和章程。

水利工程施工企业制定和执行的规章制度和项目部施行的制度和章程等就是水利工程项目施工管理的内部规章。无论是国家规章还是企业及项目部章程和制度,对工程项目的科研、规划、设计、监理、施工、建管、监督、合同管理、质量管理、工期管理、资金管理、安全管理、文明施工和环境保护等都有重要影响和作用。

目前世界上有花样繁多的涉及各行各业的各种标准在使用和更新中,几乎涉及了所有的领域。在水利工程方面从鉴定、论证、勘探、规划、审批、设计、招标、监理、施工、管理、运行、维护等各个环节都有相应的制度和规程及规范,使水利工程项目建设进入了鉴定遵实、论证遵据、勘探遵规、规划遵标、审批遵序、设计遵概、招标遵法、监理遵纲、施工遵约、管理遵方、运行遵程、维护遵用的阶段,规章和标准贯穿整个工程项目的全过程,只是执行的程度存有差异而已。所以,作为一名建造师无论负责什么工作,是否处于项目经理等领导岗位,都要遵守国家和行业等相关法律法规,原则性问题和大事上不能糊涂或我行我素。

项目经理虽然是一个社会地位并不高的岗位,也是一个没有任何级别的临时"官",但拥有超过其地位的实权和高于其级别的财权,用一句比较流行的话说是"高危岗位",但"危"与"安"一则靠自己,二则靠监督,因此,洁身自爱和企业及社会监管是培养项目经理的义务和责任。

二、水利工程施工管理的特点及职能

(一) 施工管理的特点

几乎所有的基础设施工程建设项目，其施工管理与传统的部门管理和工厂生产线管理相比最大特点是基础设施工程项目施工管理注重于综合性和可塑性，并且基础设施工程项目施工管理工作有严格的工期限制。基础设施工程项目施工管理必须通过预先不确定的过程，在确定的工期限度内建设成同样是无法预先判定的设计实体，因此，需求目标和进度控制常对工程项目施工管理产生很大的影响。仅就水利工程项目施工管理来说，一般表现在几个方面：

①水利工程项目施工管理的对象是企业承建的所有工程项目，对一个项目部而言，就是项目部正在准备进场建设或正在建设管理之中的中标工程。水利工程项目施工管理是针对该工程项目的特点而形成的一种特有的管理方式，因而其适用对象是水利工程项目尤其是类似设计的同类工程项目；鉴于水利工程项目施工管理越来越讲究科学性和高效性，项目部有时会将重复性的工序和工艺分离出来，根据阶段工期的要求确定起始和终结点，内部进行分项承包，承包者将所承包的部位按整个工程项目的施工管理来组织和实施，以便于在其中应用和探索水利工程项目施工管理的成功方法和实践经验。

②水利工程项目施工管理的全过程贯穿着系统工程的含义。水利工程项目施工管理把要施工建设的工程项目看成一个完整的系统，依据系统论将整体进行分解最终达到综合的原理，先将系统分解为许多责任单元，再由责任者分别按相关要求完成单元目标，然后把各单元目标汇总、综合成最终的成果；同时，水利工程项目施工管理把工程项目实施看成一个有始有终的生命周期过程，强调阶段计划对总体计划的保障率，促使管理者不得忽视其中的任何阶段计划以免影响总体计划，甚至造成总体计划落空。

③水利工程项目施工管理的组织具有特殊性或个性。水利工程项目施工管理的一个最明显的特征就是其组织的个性或特殊性。其特殊性或个性表现在以下几个方面：

第一，具有"基础设施工程项目组织"的概念和内容。水利工程项目施工管理的突出特点是将工程项目施工过程本身作为一个组织单元，管理者围绕该工程项目施工过程来组织相关资源。

第二，水利工程项目施工管理的组织是临时性的或阶段性的。由于水利工程项目施工过程对该工程而言是一次性完成的，而该工程项目的施工过程组织是为该工程项目的建设服务的，该工程项目施工完毕并验收合格达到运行标准，其管理组织的使命也就自然宣告结束了。

第三，水利工程项目施工管理的组织是可塑性的。所谓可塑性即是可变的、有柔性和弹性的。因此，水利工程项目的施工组织不受传统的固定建制的组织形式所束缚，而是根据该工程项目施工管理组织总体计划组建对应的组织形式，同时，在实施过程中，又可以根据对各个阶段计划的具体需要，适时地调整和增减组织的配置，以灵活、简单、高效和节省的组织形式来完成组织管理过程。

④水利工程项目施工管理的组织强调其协调控制职能。水利工程项目施工管理是一个综合管理过程，其组织结构的规划设计必须充分考虑有利于组织各部分的协调与控制，以保证该工程项目总体目标的实现。因此，目前水利工程项目施工管理的组织结构多为矩阵结构，而非直线职能结构。

⑤水利工程项目施工管理的组织因主要管理者的不同而不同，即使同一个主要管理者对不同的水利工程项目也有不同的组织形式。这就是说，工程项目经理或经理班子是决定组织形式的根本。同一个工程项目，委派不同的项目经理就会出现不同的组织形式，工程项目组织形式因人而异；同一个项目经理前后担任两个工程项目的负责人，两个项目部的组织形式也会有所差别，同时，工程项目组织形式还因时间和空间不同而不同。

⑥水利工程项目施工管理的组织因其他资源及施工条件不同而不同。其他资源是指除了人力资源以外的所有资源，材料、施工设备、施工技术、施工方案、当地市场、工程资金等与工程项目建设组织过程相关的有形及无形资源，所有这些资源均因工程所处的位置、时间、要求等不同而差别很大，所以，资源的变化必然导致工程项目施工组织形式发生变化；施工条件是指工程所处的地理位置、自然状况、交通情况、发包人要求、当地材料及劳力供应、地方风俗习惯、地方治安情况、设计和监理单位水平、主管部门管理能力等，这些条件的变化往往影响着工程项目施工组织形式的变动和调整。

由此可见，水利工程项目管理成功与否，与项目经理及其团队现场管理水平、综合能力、业务素质、适应性及协调力等有极大的关系，同时，能否根据水利工程施工过程把握和处理好各种变化因素及柔性程度，是项目班子尤其是项目经理的主要工作内容。

④水利工程项目施工管理的体制是一种基于团队管理的个人负责制。由于工程项目施工系统管理的要求，需要集中权力以控制工程实施正常进行，因而项目经理是一个关键职位，他的组织才能、管理水平、工作经验、业务知识、协调能力、个人威信、为人素质、工作作风、道德观念、处事方法、表达能力以及事业心和责任感等综合素质，直接关系到项目部对工程项目组织管理的结果，所以，项目经理是完成工程项目施工任务的最高责任者、组织者和管理

者，是项目施工过程中责、权、利的主体，在整个工程项目施工活动中占有举足轻重的地位，因此，项目经理必须由企业总经理聘任，以便其成为企业法人代表在该工程项目上的全权委托代理人。项目经理不同于企业职能部门的负责人，他应具备综合的知识、经验、素质和水平，应该是一个全能型的人才。由于实行项目经理责任制，因此，除特殊情况外，项目经理在整个工程项目施工过程中是固定不变的，必须自始至终全力负责该项目施工的全过程活动，直至工程项目竣工，项目部解散。为了和国际接轨并完善和提高项目经理队伍的后备力量，国家推行注册建造师制度，要求项目经理必须具备注册建造师资格，而注册建造师又是通过考试的方式产生的，这就必然发生不具备项目经理水平和能力的人因为具备文化水平和考试能力而获得建造师资格，而有些真正具备项目经理能力的人因不具备文化水平和考试能力而被置于建造师队伍之外从而与项目经理岗位无缘。这是当前带有一定普遍性的问题，希望具备建造师资格的人员能及时了解和掌握项目经理岗位真正的精髓，多参加一些工程项目的建设管理工作，并通过实践积累和总结一个项目经理应该具备的素质和能力，在不久的将来自己能胜任项目经理岗位的工作，而不仅仅只会纸上谈兵。没有从事一定工程技术、管理实践的建造师很难成为一名合格的项目经理。

⑤水利工程项目施工管理的方式简单地说就是单一的目标管理，具体一点说是一种多层次的目标管理方式。由于水利工程项目的特殊性所决定，涉及的专业领域比较宽广，而每一个工程项目管理者只能对某一个或几个领域有研究和熟悉，对其他专业只能在日常工作中对其有所了解但不可能像该领域的内行那样达到精通，对每一个专业领域都熟知的工程项目管理者是没有的，成功的项目组织和管理者是不是一个所有领域的专家或熟练工并不重要，重要的是管理者会不会使用专家和熟练工，懂不懂得尊重别人的意见和建议，善不善于集众家所长于一身用于组织和管理工作。现在已进入高科技时代，管理者研究的是怎样管理、怎样组织和分配好各种资源，没有必要也不必事无巨细地亲自操作，对大多数工程项目实施过程而言也不可能做到，而是以综合协调者的身份，向被授权的科室和工段负责人讲明所承担工作的责任和义务以及考核要点，协商确定目标以及时间、经费、工作标准的限定条件，具体工作则由被授权者独立处理，被授权者应经常反馈信息，管理者应经常检查督促并在遇到困难需要协调时及时给予有关的支持和帮助。可见，水利工程项目施工管理的核心在于要求在约束条件下实现项目管理的目标，其实现的方法具有灵活性和多样性。

⑥水利工程项目施工管理的要点是创造和保持一种使工程项目顺利进行的良好环境和有利条件。所以，管理就是创造和保持适合工程实施的环境和条

件，使置身于其中的人力等资源能在协调者的组织中共同完成预定的任务，最终达到既定的目标。这一特点再次说明了工程项目管理是一个过程管理和系统管理，而不仅仅是技术高低和单单完成技术过程。由此可见，及时预见和全面创造各种有利条件，正确及时地处理各种计划外的意外事件才是工程项目管理的主要内容。

⑦水利工程项目施工管理的方式、方法、工具和手段具有时代性、灵活性和开放性。在方式上，应积极采用国际和国内先进的管理模式，像目前在各建筑领域普遍推广的项目经理负责制就是吸纳了国外的先进模式，结合中国的国情和行业特点而实行的有效管理方式；在管理方法上，应尽量采用科学先进、直观有效的管理理论和方法，如网络计划在基础设施工程施工中的应用对编制、控制和优化工程项目工期进度起到了重要作用，是以往流线图和横道图无法比拟和实现的，采用目标管理、全面质量管理、阶段工期管理、安全预防措施、成本预测控制等理论和方法等，都为控制和实现工程项目总目标起到了积极作用；在工具方面，采用跟上时代发展潮流的先进或专用施工设备和工器具，运用电子计算机进行工程项目施工过程中的信息处理、方案优化、档案管理、财务和物资管理等，不仅证明了企业的实力，更提高了工程项目施工管理的成功率，完善了工程项目的施工质量，加快了项目的施工进度；同时，在手段方面，管理者既要针对项目实施的具体情况，制定和完善简洁、易行、有力、公正的各种硬性制度和措施，又要实行人性化管理，使参建者心中不禁明白自己应该干什么不应该干什么，该干的干好以后结果是什么，不该干的干了要面对的是什么，还要让所有人员真正亲身感受到在工地现场处处有亲情、处处有温暖、处处受尊重，打造出团结、和谐、关爱的施工氛围，必然能收获奋进、互助、朝气的工作热情。施工人员尤其是水利工程的施工人员的确不容易，不仅要远离亲人还要到偏僻的地方过着几乎与繁华城市隔绝的艰苦生活，要收住他们的心不只是经济问题，在某种程度上关注和体贴显得更为重要。

（二）施工管理的职能

水利工程项目施工管理最基本的职能有：计划、组织和评价与控制。

1. 工程项目施工计划

工程项目施工计划就是根据该工程项目预期目标的要求，对该工程项目施工范围内的各项活动做出有序合理的安排。它系统地确定工程项目实施的任务、工期进度和完成施工任务所需的各种资源等，使工程项目在合理的建设工期内，用尽可能低的成本，达到尽可能高的质量标准，满足工程的使用要求，让发包人满意，让社会放心。任何工程项目管理都要从制订项目实施计划开始，项目实施计划是确定项目建设程序、控制方法和监督管理的基础及依据。

工程项目实施的成败首先取决于工程项目实施计划编制的质量，好的实施计划和不切实际的实施计划其结果会有天壤之别。工程项目实施计划一经确定，应作为该工程项目实施过程中的法律来执行，是工程项目施工中各项工作开展的基础，是项目经理和项目部工作人员的工作准则和行为指南。工程项目实施计划也是限定和考核各级执行人责权利的依据，对于任何范围的变化都是一个参照点，从而成为对工程项目进行评价和控制的标准。工程项目实施计划在制定时应充分依据国家的法律、法规和行业的规程、标准，充分参照企业的规章和制度，充分结合该工程的具体情况，充分运用类似工程成功的管理经验和方式方法，充分发挥该项目部人员的聪明才智。工程项目实施计划按其作用和服务对象一般分为五个层次：决策型计划、管理型计划、控制型计划、执行型计划、作业型计划。

水利工程项目实施计划按其活动内容细分为：工程项目主体实施计划、工期进度计划、成本控制计划、资源配置计划、质量目标计划、安全生产计划、文明环保计划、材料供应计划、设备调拨计划、阶段验收计划、竣工验收计划、交付使用计划等。

2. 工程项目组织有两重含义

一是指项目组织机构设置和运行，二是指组织机构职能。工程项目管理的组织，是指为进行工程项目建设过程管理、完成工程项目实施计划、实现组织机构职能而进行的工程项目组织机构的建立、组织运行与组织调整等组织活动。工程项目管理的组织职能包括五个方面：工程项目组织设计、工程项目组织联系、工程项目组织运行，工程项目组织行为与工程项目组织调整。工程项目组织是实现项目实施计划、完成项目既定目标的基础条件，组织的好坏对于能否取得项目成功具有直接的影响，只有在组织合理化的基础上才谈得上其他方面的管理。基础工程项目的组织方式根据工程规模、工程类型、涉及范围、合同内容、工程地域、建管方式、当地风俗、自然环境、地质地貌、市场供应等因素的不同而有所不同，典型的工程项目组织形式有三种：

(1) 树型组织

树型组织是指从最高管理层到最低管理层，按层级系统以树状形式展开的方式建立的工程项目组织形式，包括直线制、职能制、直线职能综合制、纯项目型组织等多个种类。树型组织比较适合于单一的、涉及部门不多的、技术含量不高的中小型工程建设项目。当前的趋势是树型组织日益向扁平化的方向发展。

(2) 矩阵形组织

矩阵形组织是现代典型的对工程项目实施管理应用最广泛的组织形式，它按职能原则和对象（工程项目或产品）原则结合起来使用，形成一个矩阵形结构，使同一个工程项目工作人员既参加原职能科室或工段的工作，又参加工程项目协调组的工作，肩负双重职责同时受双重领导。矩阵形组织是目前最为典型和成功的工程项目实施组织形式。

（3）网络型组织

网络型组织是企业未来和工程项目管理进步的一种理想的组织形式，它立足于以一个或多个固定连接的业务关系网络为基础的小单位的联合。它以组织成员间纵横交错的联系代替了传统的一维或二维联系，采用平面性和柔性组织体制的新概念，形成了充分分权与加强横向联系的网络结构。典型的网络型组织不仅在基础设施工程领域开始探索和使用，在其他领域也在逐步完善和推行，如虚拟企业、新兴的各种项目型公司等也日益向网络型组织的方向发展。

3. 项目评价与控制

项目计划只是对未来做出的预测和提前安排，由于在编制项目计划时难以预见的问题很多，因此在项目组织实施过程中往往会产生偏差。如何识别这些实际偏差、出现偏差如何消除并及时调整计划对管理者来说是对工程项目评价和控制的关键，以确保工程项目预定目标的实现，这就是工程项目管理的评价与控制职能所要解决的主要问题。这里所说的工程项目评价不同于传统意义上的项目评价，应根据项目具体问题具体对待，不是一概而论。不同性质的项目有其不同的特点和要求，应根据具体特点和要求进行切实的评价和控制。工程施工项目评价是该工程项目控制的基础和依据，工程项目施工控制则是对该工程项目施工评价的根本目的和整体总结。要有效地实现工程项目施工评价和控制的职能，必须满足以下条件：①工程项目实施计划必须以适合于该工程项目评价的方式来表达。②工程项目评价的要素必须与该工程项目实施计划的要素相一致。③实施计划的进行（组织）及相应的评价必须按足够接近的时间间隔进行，一旦发现偏差，可以保证有足够的时间和资源来纠偏。工程项目评价和控制的目的，就是通过组织和管理运行机制，根据实施计划进行中的实际情况做出及时合理的调整，使得工程项目施工组织达到按计划完成的目的。从内容上看，工程项目评价与控制可以分为工作控制、费用控制、质量控制、进度控制、标准控制、责任目标控制等。

第二章　水利工程地基施工

第一节　岩基处理方法

一、地基处理概述

（一）地基处理的目的

根据建筑物地基条件，地基处理的目的大体可归纳为以下几个方面：

①提高地基的承载能力，改善其变形特性；

②改善地基的剪切特性，防止剪切破坏，减少剪切变形；

③改善地基的压缩特性，减少不均匀沉降；

④减少地基的透水特性，降低扬压力和地下水位，提高地基的稳定性；

⑤改善地基的动力特性，防止液化；

⑥防止地下洞室围岩坍塌和边坡危岩、陡坡滑落；

⑦在地基中置入人工基础建筑物，使其与地基共同承受各种荷载。

（二）水利工程地基处理的工程分类

建筑物对地基的要求和地基的地质条件各不相同，地基处理的工程种类很多，按处理的方法可分为以下类型：

①灌浆。灌浆主要有防渗帷幕灌浆、固结灌浆、接触灌浆、回填灌浆及化学灌浆等。

②防渗墙。防渗墙主要有钢筋混凝土防渗墙、素混凝土防渗墙、黏土混凝土防渗墙、固化水浆防渗墙和泥浆槽防渗墙等。

③桩基。桩基主要有钻孔灌注桩、振冲桩和旋喷桩等。

④预应力锚固。预应力锚固主要有建筑物地基锚固、挡土边墙锚固及高边坡山体锚固等。

⑤开挖回填。开挖回填主要有坝基截水槽、防渗竖井、沉箱、混凝土塞和抗滑桩等。

(三) 地基处理工程的施工特点

地基处理工程的施工特点如下：

①地基处理工程属于地下隐蔽工程，由于地质情况复杂多变，一般难以全面了解，因此施工前必须充分调查研究，掌握比较准确的勘测试验资料，必要时应进行补充。

②施工质量要求高，因为水工建筑物地基处理关系到工程的安危，发生事故则难以补救。

③工程技术复杂，施工难度大。

④工艺要求严格，施工连续性要求高。

⑤工期紧，施工干扰大。

二、岩基处理的方法

若岩基处于严重风化或破碎状态，首先应考虑清除至新鲜的岩基为止。若风化层或破碎带很厚，无法清除干净，则考虑采用灌浆的方法加固岩层和截止渗流。对于防渗，有时可以从结构上进行处理，如设截水墙和排水系统。

灌浆方法是钻孔灌浆，即在地基上钻孔，用压力把浆液通过钻孔压入风化或破碎的岩基内部。待浆液胶结或固结后，就能达到防渗或加固的目的。最常用的灌浆材料是水泥。当岩石裂隙多、空洞大，吸浆量很大时，为了节省水泥，降低工程造价，改善浆液性能，常加砂或其他材料；当裂隙细微，水泥浆难以灌入，基础的防渗不能达到设计要求或者有大的集中渗流时，可采用化学材料灌浆的方法处理。化学灌浆是一种以高分子有机化合物为主体材料的新型灌浆方法。这种浆材呈溶液状态，能灌入 0.1mm 以下的微细裂缝，浆液经过一定时间的化学作用，可将裂缝黏合起来或形成凝胶，起到堵水防渗以及补强的作用。

除了上述两类灌浆材料外，还有热柏油灌浆、黏土灌浆等，但是由于本身存在一些缺陷，使其应用受到了一定限制。

(一) 基岩灌浆的分类

1. 帷幕灌浆

帷幕灌浆是布置在靠近建筑物上游迎水面的基岩内，形成一道连续的、平行于建筑物轴线的防渗幕墙。其目的是减少基岩的渗流量，降低基岩的渗透压力，保证基础的渗透稳定性。帷幕灌浆的深度主要由作用水头及地质条件等确定，较之固结灌浆要深得多，有些工程的帷幕深度超过百米。在施工中，通常采用单孔灌浆，所使用的灌浆压力比较大。

帷幕灌浆一般在水库蓄水前完成，这样有利于保证灌浆的质量。由于帷幕灌浆的工程量较大，与坝体施工在时间安排上有矛盾，所以通常安排在坝体基础灌浆廊道内进行。这样既可使坝体上升与基岩灌浆同步进行，也为灌浆施工预备了一定厚度的混凝土压重，有利于提高灌浆压力，保证灌浆质量。

2. 固结灌浆

固结灌浆的目的是提高基岩的整体性与强度，并降低基础的透水性。当基岩地质条件较好时，一般可在坝基上下游应力较大的部位布置固结灌浆孔；在地质条件较差而坝体较高的情况下，则需要对坝基进行全面的固结灌浆，甚至在坝基以外上下游一定范围内也要进行固结灌浆。灌浆孔的深度一般为5~8m，也有15~40m的，其在平面上呈网格交错布置。通常采用群孔冲洗和群孔灌浆方式。

固结灌浆宜在一定厚度的坝体基层混凝土上进行，这样可以防止基岩表面冒浆，并采用较大的灌浆压力，提高灌浆效果，同时也兼顾坝体与基岩的接触灌浆。如果基岩比较坚硬、完整，为了加快施工速度，也可直接在基岩表面进行无混凝土压重的固结灌浆。如果在基层混凝土上进行钻孔灌浆，那么必须在相应部位混凝土的强度达到50%设计强度后，方可开始。或者先在岩基上钻孔，预埋灌浆管，待混凝土浇筑到一定厚度后再灌浆。同一地段的基岩灌浆必须按先固结灌浆后帷幕灌浆的顺序进行。

3. 接触灌浆

接触灌浆的目的是加强坝体混凝土与坝基或岸肩之间的结合能力，提高坝体的抗滑稳定性。一般是通过混凝土钻孔压浆，或预先在接触面上埋设灌浆盒及相应的管道系统，也可结合固结灌浆进行。

接触灌浆应安排在坝体混凝土达到稳定温度以后进行，从而防止混凝土收缩产生拉裂。

(二) 灌浆的材料

岩基灌浆的浆液，一般应该满足如下要求：

①浆液在受灌的岩层中应具有良好的可灌性，即在一定的压力下，能灌入到裂隙、空隙或孔洞中，充填密实。

②浆液硬化成结石后，应具有良好的防渗性能、必要的强度和黏结力。

③为便于施工和扩大浆液的扩散范围，浆液应具有良好的流动性。

④浆液应具有较好的稳定性，析水率低。

基岩灌浆以水泥灌浆最为普遍。灌入基岩的水泥浆液，由水泥与水按一定配比制成，水泥浆液呈悬浮状态。水泥灌浆具有灌浆效果可靠、灌浆设备与工艺简单、材料成本低廉等优点。

水泥浆液所采用的水泥品种，应根据灌浆目的和环境水的侵蚀情况等因素确定。一般情况下，可采用标号不低于42.5的普通硅酸盐水泥或硅酸盐大坝水泥，如有耐酸等要求时，则可选用抗硫酸盐水泥。矿渣水泥与火山灰质硅酸盐水泥由于其析水快、稳定性差、早期强度低等缺点，一般不宜使用。

水泥颗粒的细度对灌浆的效果会产生较大影响。水泥颗粒越细，越能够灌入细微的裂隙中，水泥的水化作用也越完全。帷幕灌浆对水泥细度的要求为通过$80\mu m$方孔筛的筛余量不大于5%。灌浆用的水泥要符合质量标准，不得使用过期、结块或细度不合要求的水泥。

对于岩体裂隙宽度小于$200\mu m$的地层，普通水泥制成的浆液一般难以灌入。为了提高水泥浆液的可灌性，自20世纪80年代以来，许多国家陆续研制出各类超细水泥，并在工程中广泛使用。超细水泥颗粒的平均粒径约为$4\mu m$，比表面积$8000 cm^2/g$，它不仅具有良好的可灌性，还在结石体强度、环保及价格等方面具有很大优势，因此特别适合细微裂隙基岩的灌浆。

在水泥浆液中掺入一些外加剂（如速凝剂、减水剂、早强剂及稳定剂等），可以调节或改善水泥浆液的一些性能，满足工程对浆液的特定要求，提高灌浆效果。外加剂的种类及掺入量应通过试验来确定。

在水泥浆液里掺入黏土、砂、粉煤灰，制成水泥黏土浆、水泥砂浆、水泥粉煤灰浆等，可用于注入量大、对结石强度要求不高的基岩灌浆。这主要是为了节省水泥，降低材料成本。砂砾石地基的灌浆主要是采用此类浆液。

当遇到一些特殊的地质条件，如断层、破碎带、细微裂隙等，采用普通水泥浆液难以达到工程要求时，也可采用化学灌浆，即灌注环氧树脂、聚氨酯、甲凝等高分子材料为基材制成的浆液。其材料成本较高，灌浆工艺比复杂。在基岩处理中，化学灌浆仅起辅助作用，一般是先进行水泥灌浆，再在其基础上进行化学灌浆，这样既可提高灌浆质量，也比较经济。

（三）水泥灌浆的施工

在基岩处理施工前一般需进行现场灌浆试验。通过试验，可以了解基岩的可灌性，从而确定合理的施工程序与工艺，获取科学的灌浆参数等，为进行灌浆设计与施工准备提供主要依据。

基岩灌浆施工中的主要工序包括钻孔、钻孔（裂隙）冲洗、压水试验、灌浆等工作。下面作简要介绍。

1. 钻孔

钻孔质量要求如下：

①确保孔位、孔深、孔向符合设计要求。钻孔的方向与深度是保证帷幕灌浆质量的关键。如果钻孔方向有偏斜，钻孔深度达不到要求，则通过各钻孔所灌注的浆液，不能连成一体，将形成漏水通路。

②力求孔径上下均一、孔壁平顺。孔径均一、孔壁平顺，则灌浆栓塞能够卡紧、卡牢，灌浆时不致产生绕塞返浆。

③钻进过程中产生的岩粉细屑较少。钻进过程中如果产生过多的岩粉细屑，则容易堵塞孔壁的缝隙，影响灌浆质量，同时也影响工人的作业环境。

根据岩石的硬度、完整性和可钻性的不同，可分别采用硬质合金钻头、钻粒钻头和金刚石钻头。6级以下的岩石多用硬质合金钻头；7级以上用钻粒钻头；石质坚硬且较完整的用金刚石钻头。

帷幕灌浆的钻孔宜采用回转式钻机和金刚石钻头或硬质合金钻头，其钻进效率较高，不受孔深、孔向、孔径和岩石硬度的限制，还可钻取岩芯。钻孔的孔径一般在75~191mm。固结灌浆则可采用各种合适的钻机与钻头。

孔斜的控制相对较困难，特别是钻斜孔，掌握钻孔方向更加困难。在工程实践中，按钻孔深度不同规定了钻孔偏斜的允许值，见表2-1。当深度大于60m时，则允许的偏差不应超过钻孔的间距。钻孔结束后，应对孔深、孔斜和孔底残留物等进行检查，不符合要求的应采取补救处理措施。

表2-1　　　　　　　　钻孔孔底最大允许偏差值

钻孔深度/m	20	30	40	50	60
允许偏差/m	0.25	0.50	0.80	1.15	1.50

为了利于浆液扩散和提高浆液结合的密实性，在确定钻孔顺序时应和灌浆次序密切配合。一般是当一批钻孔钻进完毕后，随即进行灌浆。钻孔次序则以逐渐加密钻孔数和缩小孔距为原则。对排孔的钻孔顺序，采取先下游排孔，然后上游排孔，最后中间排孔的先后顺序。对统一排孔而言，一般2~4次序孔施工，逐渐加密。

2. 钻孔冲洗

钻孔后，要进行钻孔及岩石裂隙的冲洗。冲洗工作通常分为两部分：①钻孔冲洗，即将残存在钻孔底和粘滞在孔壁的岩粉铁屑等冲洗出来；②岩层裂隙冲洗，即将岩层裂隙中的填充物冲洗到孔外，以便浆液进入到腾出的空间中，使浆液结石与基岩胶结成整体。在断层、破碎带和细微裂隙等复杂地层中灌浆，冲洗的质量对灌浆效果影响极大。

一般采用灌浆泵将水压入孔内循环管路进行冲洗的方法。将冲洗管插入孔内，用阻塞器将孔口堵紧，用压力水冲洗。也可采用压力水和压缩空气轮换冲洗，或压力水和压缩空气混合冲洗的方法。

岩层裂隙冲洗方法分单孔冲洗和群孔冲洗两种。在岩层比较完整、裂隙比较少的地方，可采用单孔冲洗方式。冲洗方法有高压水冲洗、高压脉动冲洗和扬水冲洗等类型。

当节理裂隙比较发达且在钻孔之间互相串通的地层中，可采用群孔冲洗方式。将两个或两个以上的钻孔组成一个孔组，轮换地向一个孔或几个孔压进压力水或压力水混合压缩空气，从另外的孔排出污水，这样反复进行交替冲洗，直到各个孔出水洁净为止。

群孔冲洗时，沿孔深方向冲洗段的划分不宜过长，否则冲洗段内钻孔通过的裂隙条数将会增多，这样不仅分散冲洗压力和冲洗水量，并且一旦有部分裂隙冲通以后，水量将相对集中在这几条裂隙中，使其他裂隙得不到有效的冲洗。

为了增强冲洗效果，有时可在冲洗液中加入适量的化学剂，如碳酸钠、氢氧化钠或碳酸氢钠等，以利于促进泥质充填物的溶解。对于加入的化学剂的品种和掺量，宜通过试验来确定。

采用高压水或高压水汽冲洗时，人们要注意观测，防止冲洗范围内岩层抬动和变形。

3. 压水试验

在冲洗完成并开始灌浆施工前，一般要对灌浆地层进行压水试验。压水试验的主要目的是，测定地层的渗透性，为基岩的灌浆施工提供基本技术资料。压水试验也是检查地层灌浆实际效果的主要方法。

压水试验的原理为：在一定的水头压力下，通过钻孔将水压入孔壁四周的缝隙中，根据压入的水量和压水的时间，计算出代表岩层渗透特性的技术参数。一般可采用透水率 q 来表示岩层的渗透特性。所谓透水率，是指在单位时间内，通过单位长度试验孔段，在单位压力作用下所压入的水量，用式（2—1）计算：

$$q = \frac{Q}{PL} \qquad (2-1)$$

式（2—1）中，q 表示地层的透水率，Lu（吕容）；Q 表示单位时间内试验段的注水总量，L/min；P 表示作用于试验段内的全压力，MPa；L 表示压水试验段的长度，m。

灌浆施工时的压水试验，使用的压力通常为同段灌浆压力的80%，但一般不大于1MPa。

4. 灌浆的方法与工艺

为了确保岩基灌浆的质量，必须注意以下事项。

（1）钻孔灌浆的次序

基岩的钻孔与灌浆应遵循分序加密的原则。一方面可以提高浆液结石的密实性；另一方面，通过对后灌序孔透水率和单位吸浆量的分析，可推断出先灌序孔的灌浆效果，同时还有利于减少相邻孔串浆的现象。

(2) 注浆方式

按照灌浆时浆液灌注和流动的特点，灌浆方式有纯压式和循环式两种。对于帷幕灌浆，应优先采用循环式。

纯压式灌浆，就是一次将浆液压入钻孔，并扩散到岩层裂隙中。灌注过程中，浆液从灌浆机向钻孔流动，不再返回。这种灌注方式设备简单，操作方便，但浆液流动速度较慢，容易沉淀，造成管路与岩层缝隙的堵塞，影响浆液扩散。纯压式灌浆多用于吸浆量大，有大裂隙存在，孔深不超过15m的情况。

循环式灌浆，灌浆机把浆液压入钻孔后，浆液一部分被压入岩层缝隙中，另一部分由回浆管返回拌浆筒中。这种方法一方面可使浆液保持流动状态，减少浆液沉淀；另一方面可根据进浆和回浆浆液比重的差别，来了解岩层吸收的情况，并作为判定灌浆结束的一个条件。

(3) 钻灌方法

按照同一钻孔内的钻灌顺序，有全孔一次钻灌和全孔分段钻灌两种方法。全孔一次钻灌是将灌浆孔一次钻到全深，并沿全孔进行灌浆。这种方法施工简便，多用于孔深不超过6m，地质条件良好，基岩比较完整的情况。

全孔分段钻灌又分自上而下法、自下而上法、综合灌浆法及孔口封闭法等。

①自上而下法。其施工顺序是：钻一段，灌一段，待凝一定时间以后，再钻灌下一段，钻孔和灌浆交替进行，直到设计深度。其优点是：随着段深的增加，可以逐段增加灌浆压力，借以提高灌浆质量；由于上部岩层经过灌浆，形成结石，下部岩层灌浆时，不易出现岩层抬动和地面冒浆等现象；分段钻灌，分段进行压水试验，压水试验的成果比较准确，有利于分析灌浆效果，估算灌浆材料的需用量。其缺点是：钻灌一段以后，要待凝一定时间，才能钻灌下一段，钻孔与灌浆须交替进行，设备搬移频繁，影响施工进度。

②自下而上法。一次将孔钻到全深，然后自下而上逐段灌浆。这种方法的优缺点与自上而下分段灌浆刚好相反。一般多用于岩层比较完整或基岩上部已有足够压重不致引起地面抬动的情况。

③综合钻灌法。在实际工程中，通常是接近地表的岩层比较破碎，愈往下岩层愈完整。因此，在进行深孔灌浆时，可以兼取以上两法的优点，上部孔段采用自上而下法钻灌，下部孔段则用自下而上法钻灌。

④孔口封闭法。其要点为：先在孔口镶铸不小于2m的孔口管，以便安设孔口封闭器；采用小孔径的钻孔，自上而下逐段钻孔与灌浆；上段灌后不必待

凝，即可进行下段的钻灌，如此循环，直至终孔；可以多次重复灌浆，可以使用较高的灌浆压力。其优点是工艺简便、成本低、效率高，灌浆效果好；缺点是当灌注时间较长时，容易造成灌浆管被水泥浆凝住的现象。

一般情况下，灌浆孔段的长度多控制在5～6m。如果地质条件好，岩层比较完整，段长可适当放长，但也不宜超过10m；在岩层破碎，裂隙发育的部位，段长应适当缩短，可取3～4m；在破碎带、大裂隙等漏水严重的地段以及坝体与基岩的接触面，应单独分段进行处理。

（4）灌浆压力

灌浆压力通常是指作用在灌浆段中部的压力，可由式（2-2）来确定：

$$P=P_1+P_2\pm P_f$$

（2-2）

式（2-2）中，P 表示灌浆压力，单位 MPa；P_1 表示灌浆管路中压力表的指示压力，单位 MPa；P_2 表示计入地下水水位影响以后的浆液自重压力，浆液的密度按最大值计算，MPa；P_f 表示浆液在管路中流动时的压力损失，单位 MPa。

计算 P_f 时，如压力表安设在孔口进浆管上（纯压式灌浆），则按浆液在孔内进浆管中流动时的压力损失进行计算，在公式中取负号；当压力表安设在孔口回浆管上（循环式灌浆），则按浆液在孔内环形截面回浆管中流动时的压力损失进行计算，在公式中取正号。

灌浆压力是控制灌浆质量、提高灌浆经济效益的重要因素。确定灌浆压力的原则为：在不致破坏基础和建筑物的前提下，尽可能采用比较高的压力。高压灌浆可以使浆液更好地压入细小缝隙内，增大浆液扩散半径，析出多余的水分，提高灌注材料的密实度。灌浆压力的大小，与孔深、岩层性质、有无压重以及灌浆质量要求等有关，可参考类似工程的灌浆资料，特别是现场灌浆试验成果的确定，并且要在具体的灌浆施工中结合现场条件进行调整。

（5）灌浆压力的控制

在灌浆过程中，合理地控制灌浆压力和浆液稠度，是提高灌浆质量的重要保证。灌浆过程中灌浆压力的控制基本上有两种类型，即一次升压法和分级升压法。

①一次升压法。灌浆开始后，一次将压力升高到预定的压力，并在这个压力作用下，灌注由稀到浓的浆液。当每一级浓度的浆液注入量和灌注时间达到一定限度以后，就变换浆液配比，逐级加浓。随着浆液浓度的增加，裂隙将被逐渐充填，浆液注入率将逐渐减小，当达到结束标准时，就结束灌浆。这种方法适用于透水性不大、裂隙不甚发育、岩层比较坚硬完整的地方。

②分级升压法。将整个灌浆压力分为几个阶段，逐级升压直到预定的压力。开始时，从最低一级压力起灌，当浆液注入率减小到规定的下限时，将压力升高一级，如此逐级升压，直到预定的灌浆压力。

（6）浆液稠度的控制

灌浆过程中，必须根据灌浆压力或吸浆率的变化情况，适时调整浆液的稠度，使岩层的大小缝隙既能灌满，又不浪费。浆液稠度的变换按"先稀后浓"的原则控制，这是由于稀浆的流动性较好，宽细裂隙都能进浆，从而使细小裂隙先灌满，而后随着浆液逐渐变浓，其他较宽的裂隙也能逐步得到良好的充填。

（7）灌浆的结束条件与封孔

灌浆的结束条件，一般用两个指标来控制，一个是残余吸浆量，又称最终吸浆量，即灌到最后的限定吸浆量；另一个是团浆时间，即在残余吸浆量不变的情况下保持设计规定压力的延续时间。

帷幕灌浆时，在设计规定的压力之下，灌浆孔段的浆液注入率小于 0.4L/min 时，再延续灌注 60min（自上而下法）或 30min（自下而上法）；或浆液注入率不大于 1L/min 时，继续灌注 90min（自上而下法）或 60min（自下而上法），就可结束灌浆。

对于固结灌浆，其结束标准是浆液注入率不大于 0.4L/min 时，延续 30min，灌浆即可结束。

灌浆结束以后，应随即将灌浆孔清理干净。对于帷幕灌浆孔，宜采用浓浆灌浆法填实，再用水泥砂浆封孔。对于固结灌浆，孔深小于 10m 时，可采用机械压浆法进行回填封孔，即通过深入孔底的灌浆管压入浓水泥浆或砂浆，顶出孔内积水，随着浆面的上升，缓慢提升灌浆管；当孔深大于 10m 时，其封孔与帷幕孔相同。

5. 灌浆的质量检查

基岩灌浆属于隐蔽性工程，必须加强灌浆质量的控制与检查。为此，一方面要认真做好灌浆施工的原始记录，严格进行灌浆施工的工艺控制，防止违规操作；另一方面，人们要在一个灌浆区灌浆结束以后，进行专门性的质量检查，作出科学的灌浆质量评定。基岩灌浆的质量检查结果是整个工程验收的重要依据。

灌浆质量检查的方法很多，常用的有：在已灌地区钻设检查孔，通过压水试验和浆液注入率试验进行检查；通过检查孔，钻取岩芯进行检查，或进行钻孔照相和孔内电视，观察孔壁的灌浆质量；开挖平洞、竖井或钻设大口径钻孔，检查人员直接进去观察检查，并在其中进行抗剪强度、弹性模量等方面的实验；利用地球物理勘探技术，测定基岩的弹性模量、弹性波速等，对比这些参数在灌浆前后的变化，借以判断灌浆的质量和效果。

（四）化学灌浆

化学灌浆是在水泥灌浆基础上发展起来的新型灌浆方法。它是将有机高分子材料配制成的浆液灌入地基或建筑物的裂缝中，经胶凝固化后，达到防渗、堵漏、补强、加固的目的。

化学灌浆主要用于裂隙与空隙细小（0.1mm以下），颗粒材料不能灌入；对基础的防渗或强度有较高要求；渗透水流的速度较大，其他灌浆材料不能封堵等情况。

1. 化学灌浆的特性

化学灌浆的材料有很多品种，每种材料都有其特殊的性能，按灌浆的目的可分为防渗堵漏和补强加固两大类。属于防渗堵漏的有水玻璃、丙凝类、聚氨酯类等，属于补强加固的有环氧树脂类、甲凝类等。化学浆液有以下特性：

①化学浆液的黏度低，有的接近于水，有的比水还小。其流动性好，可灌性高，可以灌入水泥浆液灌不进去的细微裂隙中。

②化学浆液的聚合时间可以进行比较准确地控制，从几秒到几十分钟不等，有利于机动灵活地进行施工控制。

③化学浆液聚合后的聚合体，渗透系数很小，一般为 $10^{-6} \sim 10^{-10}$ cm/s，防渗效果好。

④有些化学浆液聚合体本身的强度及黏结强度比较高，可承受高水头。

⑤化学灌浆材料聚合体的稳定性和耐久性均较好，能抗酸、碱及微生物的侵蚀。

⑥化学灌浆材料都有一定毒性，在配制、施工过程中要注意防护，并避免对环境造成污染。

2. 化学灌浆的施工

由于化学材料配制的浆液为真溶液，不存在粒状灌浆材料所存在的沉淀问题，所以化学灌浆都采用纯压式灌浆。

化学灌浆的钻孔和清洗工艺及技术要求，与水泥灌浆基本相同，也遵循分序加密的原则。

按浆液的混合方式区分，化学灌浆分为单液法灌浆和双液法灌浆两种。一次配制成的浆液或两种浆液组分在泵送灌注前先行混合的灌浆方法称为单液法。两种浆液组分在泵送后才混合的灌浆方法称为双液法。单液法施工相对简单，在工程中使用较多。为了保持连续供浆，现在多采用电动式比例泵提供压送浆液的动力。比例泵是专用的化学灌浆设备，由两个出浆量能够任意调整，可实现按设计比例压浆的活塞泵所构成。对于小型工程和个别补强加固的部位，也可采用手压泵。

第二节 混凝土防渗墙

一、混凝土防渗墙施工准备

①安排工程技术人员勘查现场，进一步了解实施本工程的目的、设计标准、技术要求，按设计文件及图纸要求进行测量放样工作。

②针对槽孔式防渗墙工程的要求，编制详细的专项施工方案，用于指导施工。

③按施工技术要求平整、清理场地，准备好堆料场，联系好原材料供应厂商。

④确定好设备进场道路，施工设备运输进场、安装。

二、混凝土防渗墙施工现场布置

①施工用电。槽孔式防渗墙使用与本标段同一电力供应系统，电力系统可以满足防渗墙施工的需要。

②施工用水。施工用水使用与本标段同一供水系统。

③施工道路。槽孔式防渗墙工程施工时，上坝道路已修好，延伸至237的施工道路已修好，待土石坝填筑至237高程时，可直接与上坝公路相连，防渗墙所使用的机械设备、原材料等可以直接运至施工场地。

三、导墙施工

导墙施工是防渗墙施工的关键环节，其主要作用为成槽导向、控制标高、槽段定位、防止槽口坍塌及承重，根据选用的机械形式和现场布置，导墙断面形式采用钢筋砼倒"L"形断面。

导槽里侧净宽度0.8m，导墙混凝土强度等级为C20，导墙施工时，导墙壁轴线放样必须准确，误差不大于10mm，导墙壁施工平直，内墙墙面平整度偏差不大于3mm，垂直度不大于0.5%，导墙顶面平整度为5mm。导墙顶面宜略高于施工地面100~150mm，每个槽段内的导墙上至少应设有一个溢浆孔。导墙基底与土面密贴，为防止导墙变形，导墙两内侧拆模后，每隔1.5m布设一道木撑，砼未达到70%强度，严禁重型机械在导墙附近行走。

施工工艺流程：测量放线→土方开挖→墙体修整→绑扎钢筋→边墙及翼缘立模→混凝土灌注→砼拌制、运输或拆模→导墙对撑→土方回填。

四、混凝土防渗墙的主要施工方法

（一）沟槽开挖

①导墙沟槽采用人工辅助机械开挖。

②导墙分段施工，分段长度根据模板长度和规范要求，一般控制在30～50m。

③导墙开挖前根据测量放样成果、防渗墙的厚度及外放尺寸，实地放样出导墙的开挖宽度，并洒出白灰线。

④开挖工程中如遇坍方或开挖过宽的地方施作120砖墙外模，外侧应用土分层回填夯实。

⑤为及时排除坑底积水应在坑底中央设置一排水沟，在一定距离设置集水坑，用抽水泵外排。

（二）导墙钢筋、模板及砼施工

①导墙沟槽开挖后立即将导墙中心线引至沟槽中，及时整平槽底，如遇软基础地质，可采用换填或浇注C15素混凝土垫层，保证基底密实。

②土方开挖到位后，绑扎导墙钢筋，钢筋施工结束并经"三检"合格后，填写隐蔽工程验收单，报监理验收，经验收合格后方可进行下道工序施工。

③导墙模板采用木模板，模板加固采用钢管支撑或10×10cm方木支撑加固，支撑的间距不大于1m，严防跑模，并保证轴线和净空的准确。砼浇注前先检查模板的垂直度和中线以及净距是否符合要求，经"三检"合格后报监理通过方可进行砼浇注。

④砼浇注采用泵车入模，砼浇注时两边对称分层交替进行，严防走模，如发生走模，立即停止砼的浇注，重新加固模板，并纠正到设计位置后，再继续进行浇注。

⑤砼的振捣采用插入式振捣器，振捣间距为0.6m左右，防止振捣不均，同时也要防止在一处过振而发生走模现象。

（三）模板拆除

导墙混凝土达到规范强度要求后开始拆除模板，具体时间由试验确定。拆模后立即再次检查导墙的中心轴线和净空尺寸以及侧墙砼的浇筑质量，如发现侧墙砼侵入净空或墙体出现空洞需及时修凿或封堵，并召集相关人员分析讨论事件发生原因，制定出相应措施，防止类似问题再次发生。

模板拆除后立即架设木支撑，支撑上下各一道，呈梅花形布置，水平间距

1.5m。经检查合格后报监理验收，验收后立即回填，防止导墙内挤。

五、槽孔式混凝土防渗墙施工

施工工艺流程：水、电、交通等准备→场地平整加固→修筑导墙、施工平台→确定挖槽机、钻机位置→挖槽机就位→一期槽孔建造→清孔换浆→下钢筋笼和浇筑导管→二期槽孔施工。

主要施工方法：①成槽采用 SG30 型挖槽机和 CZ—30 型冲击钻机；②采用膨润土或优质黏土泥浆护壁；③"泵吸反循环法"置换泥浆清孔；④混凝土搅拌站拌和混凝土；⑤混凝土运输车输送混凝土；⑥泥浆下直升导管法浇筑混凝土；⑦采用"预设工字钢法"进行Ⅰ、Ⅱ期槽段连接；⑧自制灌浆平台进行混凝土浇筑。

在施工前，先进行混凝土和泥浆的配合比及其性能试验，报送监理审查批准后实施。

槽段划分：单元槽段长度的划分根据设计图纸要求确定，本工程槽段划分为：一期槽孔长 6.0m，共 6 段；二期槽孔长 6.0m，共 6 段（均为标准段）。

六、泥浆制作

①为保证成槽的安全和质量，护壁泥浆生产循环系统的质量控制是关系到槽壁稳定、砼质量及砂砾石层成槽的必备条件。

工程优先采用优质膨润土为主、少量的黏土为辅的泥浆制备材料，造孔用的泥浆材料必须经过现场检测合格后，方可使用。质量控制主要指标为：比重 1.1~1.3，黏度 18~25S，胶体率 95%，必要时可加适量的添加剂，制备泥浆性能指标应符合表 2-2 中规定。

表 2-2　　　　　　　　制备泥浆的性能指标

泥浆性能	新配制		循环泥浆		废弃泥浆		检验方法
	黏性土	砂性土	黏性土	砂性土	黏性土	砂性土	
比重（g/cm³）	1.04~1.05	1.06~1.08	<1.10	<1.15	>1.25	>1.35	比重计
黏度（S）	20~24	25~30	<25	<35	>50	>60	漏斗计
pH 酸碱度	8~9	8~9	>8	>8	>14	>14	试纸

②泥浆的拌制。拌制泥浆的方法及时间通过试验确定，并按批准或指示的配合比配制泥浆，计量误差值不大于 5%。泥浆搅制系统布置在防渗墙轴线的下游侧，泥浆搅拌站布置 1m³ 泥浆搅拌机 3 台。制浆池、沉淀池、贮浆池容

量各200m³,满足两个槽段同时施工用浆需求。泥浆制浆系统配制的泥浆通过现场布置的输送管输送到各段施工槽孔。

③泥浆处理。泥浆必须经过制浆池、沉淀池及储存池三级处理,泥浆制作场地以利于施工方便为原则,泥浆循环工序流程:泥浆制作→泥浆沉淀→泥浆储存→槽段施工→泥浆回收(或水下砼浇筑)→清渣→沉渣外运。

七、成槽工艺

根据地质结构情况,单元槽段成槽用抓斗成槽机进行挖槽,成槽机上有垂直最小显示装置,当偏差大于1/300时,则进行纠偏工作,纠偏可采取两种方法:一种是将槽段用砂土回填,再利用槽壁机挖槽,二是根据成槽机上垂直度的显示装置,特别偏差大于1/300开始位置,逐步向下抓或空挖修整槽壁的倾斜。一般成槽垂直精度可达1/500~1/300。抓斗工作宽度2.8m,一个标准槽段需要三幅抓才能完成,当抓斗至弱风化岩岩层时,改用冲击钻钻孔,直至达到设计位置。

抓斗每抓一次,应根据垂线观察抓斗的垂直及位置情况,然后下斗直到土面,若土质较硬则提起抓斗约80cm,冲击数次抓土,起斗时应缓慢,在斗出泥浆面时应及时回灌泥浆,保证一定液面。抓取的泥土用自卸汽车运输至指定地方,不得就地卸土,待泥土较干时再采用挖沟机装上自卸汽车外运,冲孔的返浆沉积泥渣用泥浆车外运,不影响文明施工。

八、岩面鉴定与终孔验收

①基岩面需按下列方法确定:

第一,依照防渗墙中心线地质剖面图,当孔深接近预计基岩面时,即应开始取样,然后根据岩样的性质确定基岩面;

第二,对照邻孔基岩面高程,并参考钻进情况确定基岩面;

第三,当上述方法难以确定基岩面,或对基岩面发生怀疑时,应采用岩芯钻机取岩样,加以确定和验证。

②终孔后,由监理工程师同施工单位质检人员进行孔形、孔深检测验收,确保孔形、孔斜、孔深符合设计要求。

③基岩岩样是槽孔嵌入基岩的主要依据,必须真实可靠,并按顺序、深度、位置编号、填好标签,装箱,妥善保管。

九、钢筋笼制作吊装

(一) 钢筋笼制作平台设计

钢筋笼的加工制作应在离施工现场最近的地方，本工程钢筋笼加工制作场地设在坝顶坝左 0+48.865 至坝左 0+089.34 段，防渗墙中心线上游段 16m 外场地内。由于防渗墙特殊的工艺和精度要求，钢筋笼制作精度必须满足设计和施工要求，因此将钢筋笼在平整度≤5mm 的硬化场地上制作加工，平台上要设置钢筋定位样板，确保钢筋位置的准确，钢筋笼的加工速度及顺序要和槽孔施工相一致，不宜积存过多的钢筋笼，以免增加倒运和造成钢筋笼变形。

(二) 钢筋笼加工

地下防渗墙钢筋笼最大长度为 26m，标准段宽 6m，最重 11.32t（含接头工字钢）。为保证钢筋笼加工质量和整体性，将采用整片制作吊装的方案。

钢筋笼加工制作时先将钢箍排列整齐，再将竖直主筋依次穿入钢箍（竖直主筋间隔错位搭接），采用间隔点焊就位，定位要准确。钢筋笼保护层用 100×100×10mm 厚钢板按竖向间距 3～5m 布置一块焊在钢筋笼主筋内外侧（每层布置 2～3 块）。钢筋笼加工时按设计的位置预留 2 个水下砼灌注导管孔，并做好标记。根据帷幕设计要求，防渗墙每幅需设置 4 根预埋管（Φ110 钢管），在钢筋笼制作时，焊接在钢筋笼的内侧处，须避开导管预留位置布置。

钢筋笼加工方法如下：

① 钢筋笼主筋保护层厚度 10cm；

② 为保证砼灌注导管顺利插入，应将纵向主筋放在内侧，横向钢筋放在外侧；

③ 纵向钢筋的底端根据设计距离槽底 20cm，同时钢筋底端稍向内弯折；

④ 纵向钢筋采用接驳器套筒连接，钢筋轴线在一条直线上；同一截面的接头面积不能超过 50%，且间隔布置；

⑤ 钢筋笼除结构焊缝需满焊及四周钢筋交点需全部点焊处，中间的交叉点可采用 50% 交错点焊；

⑥ 钢筋笼成型后，临时绑扎铁丝全部拆除，以免下槽时删掉挂伤槽壁；

⑦ 制作钢筋笼时，在制作平台上预安定位钢筋桩，提高工效和保证制作质量，制作出的钢筋笼须满足设计和现规范要求；

⑧ 施工前准备好弧焊机、钢筋切断机、钢筋弯曲机等，且钢筋经过复核合格；

⑨ 主筋间距误差±10mm，箍筋间距误差±20mm，钢筋笼厚度 0～10mm，宽度±20mm，长度±50mm。

（三）钢筋笼吊放

①钢筋笼的端部设 8 个吊点，吊环采用 20 圆钢制作，中间部位设置两个吊点，焊在钢桁架竖筋上，同时起吊钢筋笼的头部及中部。

②起吊时应特别注意防止钢筋笼的扭曲，起吊钢筋笼采用 50t 履带吊整片吊装。起吊时不能使钢筋笼下端在地面上拖引，以防造成下端钢筋弯曲变形。为防止钢筋笼吊起后在空中摆动，应在钢筋笼下端系上拽引绳以人力操纵。

③插入钢筋笼时，最重要的是使钢筋笼对准单元槽段、垂直而又准确地插入槽内。钢筋笼进入槽内时，吊点中心必须对准槽段中心，然后徐徐下降，此时必须注意不要因起重臂摆动或其他影响而使钢筋笼产生横向摆动，造成槽壁坍塌。

④如果钢筋笼不能顺利插入槽内，应立即吊出，查出原因加以解决，在修槽之后再吊放不能强行插放，否则会引起钢筋笼变形或使槽壁坍塌，产生大量沉渣，而且预埋管位置将可能发生偏移。

⑤为防止浇筑混凝土时钢筋笼上浮，人们可在钢筋笼上端设置 Φ25 吊筋再在槽口工字钢上。

（四）钢筋笼入槽时的标高控制

制作钢筋笼时，选主桁架的两根立筋作为标高控制的基准，做好标记；下钢筋笼前测定主桁架位置处的导墙顶面标高，根据标高关系计算好固定钢筋笼于导墙上的设于焊接钢筋笼上的吊攀，钢筋笼下到位后用工字钢穿过吊攀将钢筋笼悬吊于导墙之上。下笼前技术人员根据实际情况下技术交底单，确保钢筋笼及预埋件位于槽段设计上的标高。

十、防渗墙接头施工

各单元墙段由接缝（或接头）连接成防渗墙整体，墙段间的接缝是防渗墙的薄弱环节，如果接头设计方案不当或施工质量不好，就有可能在某些接缝部位产生集中渗漏，严重者会引起墙后地基土的流失，给主体结构留下长期质量隐患。因此，为加强防渗墙接头防水质量，接头均采用工字钢接头。

接头工字钢采用 10mm 和 12mm 厚钢板焊接而成，施工现场加工制作，钢板原材料根据施工进度采用汽车集中运输至施工现场进行焊接拼装，工字钢一侧与钢筋笼焊接牢固，两侧各伸出 45cm（侧边采用 12mm 钢板），施工中要保证钢筋笼与工字钢的垂直度，相邻墙段钢筋笼之间插入一序槽段工字钢内。

十一、清孔

①根据本工程地层特点清孔采用"泵吸反循环法"置换泥浆清孔。

②清孔换浆结束 1h 后，应达到以下质量要求：第一，孔底淤积厚度≤10cm；第二，槽内泥浆密度不大于 $1.3g/cm^3$，500/700mL 漏斗黏度不大于 30s。

③清孔换浆合格后，方可进行下道工序。

④清孔合格后，应于 4h 内开浇混凝土，如因特殊情况不能按时浇筑，则应由监理工程师与施工单位协商后，另行提出清孔标准和补充规定。

⑤混凝土浇筑：

混凝土浇筑采用直升导管法，施工程序如下：施工准备→导管配置→二次清孔验收→下浇筑导管→槽口平台架设→装料斗→开盘下料→浇筑→测量槽内砼面→计算埋深→提管、拆管、继浇浇筑→终浇收仓。

施工方法说明：在槽孔清孔结束后，采取灌浆平台下设混凝土导管，混凝土导管为丝扣连接，管径 $\varphi 250mm$。

混凝土入仓方式为：单槽采取 3～4 台 $12m^3$ 混凝土拌和车送混凝土入槽口料斗入槽孔。混凝土采用满管法开始浇筑。浇筑开仓时，先在导管内下设隔离球，将导管下至距孔底小于 25cm 处，待导管及料斗储满料后，将导管上提适当距离，让混凝土一举将导管底封住，避免混浆。在浇筑过程中，做好浇筑记录，严格控制混凝土质量（槽口抽样）、控制各料斗均匀下料，并根据混凝土上升速度起拔导管，混凝土上升速度不小于 2m/h。

混凝土浇筑过程中需遵守下列规定：

①导管埋入混凝土的深度不得小于 1m，不宜大于 6m；

②混凝土面上升速度应不小于 2m/h，并连续上升至设计墙体高程；

③混凝土应均匀上升，各处高差应控制在 50cm 以内，在有埋管时尤其注意；

④至少每隔 30min 测量一次槽孔内混凝土面深度，至少每隔 2h 测量一次导管内混凝土面深度，并及时填写混凝土记录表，以便核对浇筑方量和埋管深度；

⑤槽孔内应设置盖板，避免混凝土散落槽孔内；

⑥不符合质量要求的混凝土严禁浇入槽孔内；

⑦应防止入管的混凝土将空气压入导管内；

⑧混凝土浇筑从孔深较低的导管开始，当混凝土面上升至相邻导管的孔底高程时，用同样的方法开始浇筑第二组导管，直到全槽混凝土面浇平。

十二、特殊情况处理

①导墙严重变形或局部坍塌，影响成槽施工时，宜采取以下处理方法：

第一，破坏部位应重新修筑导墙；

第二，回填槽孔，处理塌坑或采取其他安全技术措施；

第三，改善地基条件和槽内泥浆性能。

②造孔过程中，如遇少量漏浆，采用加大泥浆比重、投堵漏剂等处理，槽孔采用投锯末、膨胀粉、水泥等堵漏材料处理，确保孔壁安全。

③地层严重漏浆，应迅速向槽内补浆并填入堵漏材料，必要时可回填槽孔。

④混凝土浇筑过程中导管堵塞、拔脱或导管破裂漏浆，需重新吊放导管时，应按下列程序处理：

第一，将事故导管全部拔出，重新吊放导管；

第二，核对混凝土面高程及导管长度，确认导管的安全插入深度；

第三，抽尽导管内泥浆，断续浇筑。

⑤墙段连接未达到设计要求时，选择下列处理方法：

第一，在接缝迎水面采用高压喷射灌浆或水泥灌浆处理；

第二，在接头处两侧各钻凿一个桩孔，钻头直径根据接头孔孔斜和设计墙厚选择，成孔后再浇筑混凝土。

⑥防渗墙体发生断墙或混凝土严重混浆时，按以下方法进行处理：

第一，在需要处理墙段上游侧补一段新墙；

第二，在需要处理的墙段上游面进行水泥灌浆或高压喷射灌浆处理；

第三，用地质钻机在墙体内钻孔对夹泥层用高压水冲洗，洗净后采用水泥灌浆或高压喷射灌浆处理。

⑦在防渗墙造孔成槽过程中，遇到孤石、大块砼及砖块、木头等，采用正常成槽手段难以快速成槽时，在考虑孔壁安全的前提下，用重锤法或其他方法处理。

⑧造孔成槽过程中出现塌孔、大坝裂缝现象，立即处理，对固壁泥浆配比及造孔手段进行调整，确保孔壁稳定，对施工过程中产生的裂缝，采取加固措施进行处理。

⑨在成槽过程中，对固壁泥浆漏失量作详细测试和记录，当发现固壁泥浆漏失严重时，应及时堵漏和补浆，采取措施进行处理。现场备有堵漏材料，如黏土球、锯末、水泥和足够泥浆。适当调整泥浆配比，并适当放缓成孔速度，待固壁泥浆漏失量正常后再恢复正常钻进，必要时向泥浆中掺加堵漏剂。

十三、质量保证措施

(一) 槽孔质量控制

①施工中操作人员准确定位,孔位误差≤3cm,经当班质检员检查合格确认后方可进行下道工序。控制好孔斜率与槽形,保证孔斜率及槽形满足设计要求。

②施工中各项工艺参数要随时进行抽查,做好施工记录,严格按照确定的技术参数施工。

(二) 混凝土质量控制

①混凝土的施工性能,每班应取样检查两次,开浇前必须检查。

②墙体材料的质量控制与检查应遵守下列规定:

第一,墙体材料的性能主要检查28d龄期的抗压强度、抗渗和抗冻性能;

第二,检查普通混凝土的抗渗等级;

第三,质量检查试件数量:抗压强度试件每100m³成型一组,每个墙段最少成型一组;抗渗性能试件每3个墙段成型一组;抗冻性能以3个试件为一组。

③混凝土质量评定应遵守下列规定:

第一,混凝土进行质量评定时,可按该工程所取全部试验数据进行统计计算;

第二,混凝土的抗渗指标应单独确定,合格试件的百分率应不小于85%;

第三,混凝土强度的检验评定可按DL/T5144的规定执行;

第四,混凝土抗冻指标评定可按DL/T5150的规定执行。

(三) 质量检查

①开工前必须建立质量保证体系,包括建立质量检查机构、配备质检人员等。

②质检人员应对槽孔建造、泥浆配制及使用、清孔换浆、混凝土浇筑等质量进行检查与控制。

③混凝土防渗墙质量检查程序分工序质量检查和墙体质量检查,工序质量检查包括终孔、清孔换浆、混凝土拌制与浇筑等。各工序验收合格后,由监理单位签发验收报验资料,上道工序未经检查合格,不得进行下道工序。

④槽孔建造的终孔质量检查应包括下列内容:

第一,孔位、孔深、孔斜、槽宽;

第二,基岩岩样与槽孔嵌入基岩深度;

第三,一、二期槽孔间接头的套接厚度。

⑤槽孔的清孔质量检查应包括孔内泥浆性能、孔底淤积厚度以及接头刷洗质量。

⑥混凝土及其浇筑质量检查应包括：

第一，原材料的检验；

第二，导管间距；

第三，浇筑混凝土的上升速度及导管埋深；

第四，终浇高程；

第五，混凝土槽口样品的物理力学检验及其数据统计分析结果；

第六，检查墙体质量应在成墙28天后进行，检查内容为墙体的物理力学性能指标、墙段接缝和可能存在的缺陷，检查可采用钻孔取芯注水试验或其他检测方法，检查孔的数量宜为10个槽孔一个，位置应具有代表性。

十四、环保、水保措施

①对职工进行生态环境保护教育，增强其生态环境保护意识和责任感。

②工程施工便道、孔位清理的弃渣应按监理工程师指定地点及要求堆放。

3. 制定施工污水处理排放措施。

④对废弃泥浆、钻渣及施工垃圾，应清理干净并用密闭的运输工具运至指定的位置，保持施工场地的清洁整齐，做到文明施工。

⑤施工废弃物不得随意倾倒或就地掩埋，应集中处理。

⑥不在施工区内焚烧会产生有毒或恶臭气体的物质。因工作需要时，报请当地环境行政主管部门同意，采取防治措施，在监理工程师监督下实施。

⑦施工前制定施工措施，做到有组织的排水。

⑧保持施工区和生活区的环境卫生，在施工区和生活营地设置足够数量的临时垃圾贮存设施，防止垃圾流失，定期将垃圾送至指定垃圾场，按要求进行覆土填埋。

第三节 旋喷灌浆

旋喷法是利用旋喷机具造成旋喷桩以提高地基的承载能力，也可以作联锁桩施工或定向喷射成连续墙用于防渗。旋喷法适用于砂土、黏性土、淤泥等地基的加固，对砂卵石（最大粒径小于20cm）的防渗也有较好的效果。

20世纪70年代初，日本将高压水射流技术应用于软弱地层的灌浆处理中，其为一种新的地基处理方法——高压喷射灌浆法。它是利用钻机造孔，然后将带有特制合金喷嘴的灌浆管下到地层的预定位置,以高压把浆液或水、气高速喷射到周围地层,对地层介质产生冲切、搅拌和挤压等作用,同时被浆液置换、充填和混合,待浆液凝固后,就在地层中形成一定形状的凝结体。

通过各孔凝结体的连接,形成板式或墙式的结构,不仅可以提高基础的承载力,而且可以成为一种有效的防渗体。由于高压喷射灌浆具有对地层条件适用性广、浆液可控性好、施工简单等优点,近年来在国内外都得到了广泛应用。

一、高压喷射灌浆作用

高压喷射灌浆的浆液以水泥浆为主,其压力一般在 10～30MPa,它对地层的作用机理有如下几个方面:

①冲切掺搅作用。高压喷射流通过对原地层介质的冲击、切割和强烈扰动,使浆液扩散充填地层,并与土石颗粒掺混搅和,硬化后形成凝结体,从而改变原地层的结构和组分,达到防渗加固的目的。

②升扬置换作用。随高压喷射流喷出的压缩空气,不仅对射流的能量有维持作用,而且造成孔内空气扬水的效果,使冲击切割下来的地层细颗粒和碎屑升扬至孔口,空余部分由浆液代替,起到置换作用。

③挤压渗透作用。高压喷射流的强度随射流距离的增加而衰减,至末端虽不能冲切地层,但仍能对地层产生挤压作用。同时,喷射后的静压浆液还会在地层形成渗透凝结层,其有利于进一步提高抗渗性能。

④位移握裹作用。对于地层中的小块石,由于喷射能量大以及升扬置换作用,浆液可填满块石四周空隙,并将其握裹;对大块石或块石集中区,如降低提升速度,提高喷射能量,则可以使块石产生位移,浆液便深入到空(孔)隙中。

总之,在高压喷射、挤压、余压渗透以及浆气升串的综合作用下,会产生握裹凝结作用,从而形成连续和密实的凝结体。

二、高压喷射凝结体

凝结体的形式与高压喷射方式有关,常见的有以下三种:
①喷嘴喷射时,边旋转边垂直提升,简称旋喷,可形成圆柱形凝结体;
②喷嘴的喷射方向固定,则称定喷,可形成板状凝结体;
③喷嘴喷射时,边提升边摆动,简称摆喷,形成哑铃状或扇形凝结体。

为了保证高压喷射防渗板(墙)的连续性与完整性,必须使各单孔凝结体在其有效范围内相互连接,这与设计的结构布置形式及孔距有很大关系。

三、高压喷射灌浆的施工方法

目前,高压喷射灌浆的基本方法有单管法、二重管法、三重管法及多管法等几种,它们各有特点,应根据工程要求和地层条件选用。各种旋喷方法及使用的机具见表2-3。

表2-3　　　　　　　　各种旋喷方法及使用的机具

喷射方法	喷射情况	主要施工机具	成桩直径
单管法	喷射水泥浆或化学浆液	高压泥浆泵,钻机,单旋喷管	0.3~0.8m
二重管法	高压水泥浆(或化学浆液)与压缩空气同轴喷射	高压泥浆泵,钻机,空压机,二重旋喷管	介于单管法和三重管法之间
三重管法	高压水、压缩空气和水泥浆液(或化学浆液)同轴喷射	高压水泵,钻机,空压机,泥浆泵,三重旋喷管	1~2m

①单管法。采用高压灌浆泵以大于2MPa的高压将浆液从喷嘴喷出,冲击、切割周围地层,并产生搅和、充填作用,硬化后形成凝结体。该方法施工简易,但有效范围小。

②二重管法。有两个管道,分别将浆液和压缩空气直接射入地层,浆压达45~50MPa,气压在1~1.5MPa。由于射浆具有足够的射流强度和比能,所以易于将地层加压密实。这种方法工效高,效果好,尤其适合处理地下水丰富、含大粒径块石及孔隙率大的地层。

③三重管法。用水管、气管和浆管组成喷射杆,水、气的喷嘴在上,浆液的喷嘴在下。随着喷射杆的旋转和提升,先有高压水和气的射流冲击扰动地层,再以低压注入浓浆进行掺混搅拌。常用参数为水压38~40MPa,气压0.6~0.8MPa,浆压0.3~0.5MPa。

如果将浆液也改为高压(浆压在20~30MPa)喷射,则浆液可对地层进行二次切割、充填,其作用范围就更大。这种方法称为新三重管法。

④多管法。其喷管包含输送水、气、浆管、泥浆排出管和探头导向管。采用超高压(40MPa)水射流切削地层,所形成的泥浆由管道排出,用探头测出地层中形成的空间,最后由浆液、砂浆、砾石等置换充填。多管法可在地层中形成直径较大的柱状凝结体。

四、高压喷射灌浆的施工程序与工艺

高压喷射灌浆的施工程序主要有造孔,下喷射管,喷射灌浆,最后成桩

或墙。

（一）造孔

在软弱透水的地层进行造孔，应采用泥浆固壁法或跟管法（套管法）确保成孔。造孔机具有回转式钻机、冲击式钻机等。目前用得较多的是立轴式液压回转钻机。

为保证钻孔质量，孔位偏差应不大于2cm，孔斜率小于1%。

（二）下喷射管

用泥浆固壁的钻孔，可以将喷射管直接伸入孔内，直到孔底。用跟管钻进的孔，可在拔管前向套管内注入密度大的塑性泥浆，边拔边注，并保持液面与孔口齐平，直至套管拔出，再将喷射管下到孔底。

将喷嘴对准设计的喷射方向，不偏斜，是确保喷射灌浆成墙的关键。

（三）喷射灌浆

根据设计的喷射方法与技术要求，将水、气、浆送入喷射管，喷射1～3min，待注入的浆液冒出后，按预定的速度自上而下边喷射、边转动、摆动，逐渐提升到设计高度。

进行高压喷射灌浆的设备由造孔、供水、供气、供浆和喷灌五大系统组成。

（四）高压喷射灌浆施工要点

水利水电工程应用高压喷射灌浆技术需要注意处理冒浆、固结与喷射压力问题，要关注钻孔施工安全，选择合适的材料进行全面质量管理。

①应用高压喷射灌浆技术常见冒浆情况，为高效完成地质结构加固处理工作需要分析冒浆出现的原因。大部分冒浆情况由于启动喷射装置设置灌浆压力过大对土层造成较大冲击，实践经验丰富的专业人员可以结合冒浆情况，分析土层结构特点，灵活调整喷浆参数，常用的预防措施包括科学计算调整注浆压力，实际施工中要关注注浆现场情况，及时发现问题避免发生冒浆。高压喷射灌浆技术特点是通过提高泵送灌输压力提升泥浆对地质结构的冲击力，出现压力过低或过高情况会影响地基加固效果。由于泵送管道摆放位置不当导致无法达到填充土壤结构缝隙目的，要求高压泵与钻机间距小于50cm以保证施工安全。

②施工现场选择高压喷射灌浆技术需要关注施工安全，发现地质结构质量不达标需要进行钻孔灌注，施工要检查地基是否存在坚硬岩石层，结合地质结构特点及时采取防范措施。水利水电工程施工中使用高压喷射灌浆技术时需要关注自然环境变化，孔洞垂直于地面容易接触雨水导致孔洞内蓄水情况，从而影响施工效果。需要调查自然气候特征、关注短时天气预报。施工队伍应在现

场建立完善的管理机制，贯彻全面质量管理理念，保证施工人员参与工程施工过程质量管理中，结合施工技术特点落实施工任务。

五、高压喷射灌浆技术施工质量控制

应用高压喷射灌浆技术，需要注意加强施工人员培训加强现场管理，建立安全技术体系以确保施工工艺流程顺利进行。水利水电工程建设单位要挑选具有专业素质水平的人才，项目经理需要分析施工过程中的隐患，避免出现突发情况影响工程进度与质量安全。管理者要加强对实际工程应用技术的监督，避免施工中出现质量问题。需要加强对相关技术人员进行培训提升技术水平，严格按照设计方案操作保证施工质量达到标准规范要求。建设单位要积极完善安全管理技术制度，工程施工中需要落实管理职责，根据高压喷射工艺重点确定关键技术保证工程施工顺利开展。

①高压喷射灌浆施工中要重点加强钻孔插管，喷射灌浆提升喷灌与回填砂砾石等环节质量控制。需要进行灌浆的部位进行钻孔，钻孔深度应达到设计要求。将喷管插入钻孔底部，确保喷管与钻孔紧密连接。启动高压设备将水泥浆或混合浆液通过喷嘴喷射到土层中，形成固结体。逐步提升喷管形成连续的固结体，根据设计要求重复喷射灌浆以达到加固效果。喷射灌浆完成后用砂砾石回填钻孔，使地表面恢复原状。对喷射灌浆后的地基进行质量检测，确保加固效果达到设计要求。

②注意桩体断裂、喷水压力急剧上升下降等常见质量问题处理。施工前应进行现场试验，确定合适的施工参数和材料配方。钻孔时应保证位置准确、垂直度符合要求，避免出现斜孔或塌孔等情况。插管时应注意避免堵塞喷嘴，保持喷管畅通。喷射灌浆时应控制好压力、流量、提升速度等参数，确保喷射效果均匀连续。重复喷射时应注意保证搭接长度符合设计要求确保加固效果。回填砂砾石时应保证密实度符合要求，避免出现空洞或疏松情况。施工过程中应注意安全，避免因高压喷射造成人员伤害或设备损坏。应加强质量监控，对各道工序进行严格把关，确保工程质量符合要求。

第三章 水利工程堤防施工

第一节 水利工程堤防概述

一、堤防概述

（一）堤防名称

堤也称"堤防"。沿江、河、湖、海，排灌渠道或分洪区、行洪区界修筑用以约束水流的挡水建筑物。其断面形状为梯形或复式梯形。按其所处地位及作用，又分为河堤、湖堤、渠堤、水库围堤等。黄河下游堤防起自战国时代，到汉代已具相当规模。明代水利学家潘季驯治河，更创筑遥堤、缕堤、格堤、月堤。因地制宜加以布设，进一步发挥了防洪作用。

大堤一般指防洪标准较高的堤防，如"临黄大堤""荆江大堤"等。

（二）堤防分类

1. 按抵抗水体性质分类

按抵抗水体性质的不同分为河堤、湖堤、水库堤防和海堤。

2. 按筑堤材料分类

按筑堤材料不同分为土堤、石堤、土石混合堤及混凝土、浆砌石、钢筋混凝土防洪墙。

一般将土堤、石堤、土石混合堤称为防洪堤；由于混凝土、浆砌石混凝土或钢筋混凝土的堤体较薄，习惯上称为防洪墙。

3. 按堤身断面分类

按堤身断面形式不同，分为斜坡式堤、直墙式堤或直斜复合式堤。

4. 按防渗体分类

按防渗体不同，分为均质土堤、斜墙式土堤、心墙式土堤、混凝土防渗墙式土堤。

堤防工程的形式应根据因地制宜、就地取材的原则，结合堤段所在的地理位置、重要程度、堤址地质、筑堤材料、水流及风浪特性、施工条件、运行和管理要求、环境景观、工程造价等技术经济比较来综合确定。如土石堤与混凝土堤相比，边坡较缓，占用面积空间大，防渗防冲及抗御超额洪水与漫顶的能力弱，需合理和科学设计。混凝土堤则坚固耐冲，但对软基适应性差、造价高。

中国堤防根据所处的地理位置和堤内地形切割情况，堤基水文地质结构特征按透水层的情况分为透水层封闭模式和渗透模式两大类。堤防施工主要包括堤料选择、堤基（清理）施工、堤身填筑（防渗）等内容。

（三）堤防主体工程

1. 堤身

①堤顶宽度应满足施工、运行管理、防汛抢险等需要。设计堤顶高程处的堤顶宽度见表3－1。

表3－1　　　　　　　　设计堤顶高程处的堤顶宽度

岸别	省别	大堤桩号	堤顶宽度（m）	备注
左岸	河南	64＋000～79＋000	12	沁河堤
		68＋469～200＋880	12	
		0＋000～194＋485	12	
	山东	194＋485～194＋605（3＋000）	12	
		3＋000－295＋000	12	
		295＋000～355＋264	10	
右岸	河南	－（1＋172）～156＋050	12	
		156＋050～036＋600	12	
	山东	0＋000～10＋471	12	河湖共用堤
		－（1＋980）～189＋121	12	
		189＋121～255＋160	10	

②堤防帮宽的位置应符合下列规定：

第一，堤防设计高程处的宽度不足值小于1m的不再进行帮宽；

第二，临河堤坡陡于1∶3或帮宽宽度大于3m的平工段帮临河；

第三，堤防已淤背或有后戗的帮背河；

第四，遇有转弯段等堤段，应根据实际情况确定帮临河或背河。

③堤顶高程、宽度应保持设计标准，高程误差不大于±5cm，宽度误差不大于±10cm。

堤肩线线直弧圆，平顺规整，无明显凸凹，5m长度范围内凸凹不大于5cm。

④临、背河边坡应为1：3，并应保持设计坡度。

第一，坡面平顺，沿断面10m范围内，凸凹小于5cm；

第二，堤脚处地面平坦，堤脚线平顺规整，10m长度范围内凸凹不大于10cm。

2. 淤区

①淤区盖顶高程：第一，左岸老龙湾（64+000）至利津（355+264）、右岸郑州惠金［-（1+172）］至垦利（255+160）堤段的淤区顶部高程，区分不同堤段分别低于设计洪水位0～3m，其中花园口、泺口堤段的淤区顶部高程与堤顶平；第二，淤区盖顶厚度为0.5m。

②淤区宽度原则为100m（含包边），移民迁占确有困难的堤段其淤区宽度不小于80m。

③包边水平宽度1.0m，外边坡1：3，坡面植树或植草防护。

④淤区顶部应设置围堤、格堤，其标准如下：

第一，围堤顶宽2m，高出淤区顶0.5m，外坡1：3，内坡1：1，植草防护；

第二，淤区每100m应设一条横向格堤，顶宽1.0m，高出淤区顶0.5m，边坡1：1。

⑤淤区顶部平整，两格堤范围内顶部高差不大于30cm，并种植适生林。

⑥淤区边坡应保持设计坡度，坡面平顺，坡脚线清晰，沿坡横断面10m范围内，凸凹小于20m。

⑦淤区应在坡脚外划定护堤地，并种植防护林。

3. 戗台

①戗台外沿修筑边埂，顶宽、高度均为0.3m，外边坡1：3，内边坡1：1。戗台每隔100m设置一格堤，顶宽、高度均为0.3m，边坡1：1。

②戗台高度、顶宽、边坡应保持设计标准，顶面平整，10m长度范围内高差不大于5cm。

③戗台顶部应种植树木防护，树木株行距根据树种确定。

二、堤防级别

防洪标准是指防洪设施应具备的防洪（或防潮）能力，一般情况下，当实际发生的洪水小于防洪标准洪水时，通过防洪系统的合理运用，实现防洪对象的防洪安全。

由于历史最大洪水会被新的更大的洪水所超过,所以任何防洪工程都只能具有一定的防洪能力和相对的安全度。堤防工程建设根据保护对象的重要性,选择适当的防洪标准,若防洪标准高,则工程能防御特大洪水,相应耗资巨大,虽然在发生特大洪水时减灾效益很大,但毕竟特大洪水发生的概率很小,甚至在工程寿命期内不会出现,造成资金积压,长期不能产生效益,而且还可能因增加维修管理费而造成更大的浪费;若防洪标准低,则所需的防洪设施工程量小,投资少,但防洪能力弱,安全度低,工程失事的可能性就大。

(一)堤防工程防洪标准和级别

堤防工程防洪标准,通常以洪水的重现期或出现频率表示。按照《堤防工程设计规范》(GB 50286—2013)的规定,堤防工程级别是依据堤防工程的防洪标准判断的,见表3—2。

表3—2　　　　　　　　堤防工程的级别

防洪标准 [重现期(年)]	≥100	<100且≥50	<50且≥30	<30且≥20	<20且≥10
堤防工程的级别	1	2	3	4	5

(二)堤防工程设计洪水标准

依照防洪标准所确定的设计洪水,是堤防工程设计的首要资料。目前设计洪水标准的表达方法,以采用洪水重现期或出现频率较为普遍。例如,上海市新建的黄浦江防汛(洪)墙采用千年一遇的洪水作为设计洪水标准。作为参考比较,还可从调查、实测某次大洪水作为设计洪水标准,黄河以20世纪50年代末花园口站发生的洪峰流量22000m^3/s为设计洪水标准等。为了安全防洪,还可根据调查的大洪水适当提高作为设计洪水标准。

因为堤防工程为单纯的挡水构筑物,运用条件单一,在发生超设计标准的洪水时,除临时防汛抢险外,还运用其他工程措施来配合,所以可只采用一个设计标准,不用校核标准。

人们在确定堤防工程的防洪标准与设计洪水时,还应考虑到有关防洪体系的作用,例如江河、湖泊的堤防工程,由于上游修筑水库或开辟分洪区、滞洪区、分洪道等,堤防工程的防洪标准和设计洪水标准就提高了。

(三)堤防防洪标准与防护对象

堤防工程的设计应以所在河流、湖泊、海岸带的综合规划或防洪、防潮专业规划为依据。城市堤防工程的设计,还应以城市总体规划为依据。堤防工程的设计,应具备可靠的气象水文、地形地貌、水系水域、地质及社会经济等基本资料;堤防加固、扩建设计,还应具备堤防工程现状及运用情况等资料。堤防工程设计应满足稳定、渗流、变形等方面要求。堤防工程设计，应贯彻因地制宜、就地取材的原则，积极慎重地采用新技术、新工艺、新材料。位于地震烈度 7 度及其以上地区的 1 级堤防工程，经主管部门批准，应进行抗震设计。堤防工程设计除符合本规范外，还应符合国家现行有关标准的规定。

对于遭受洪灾或失事后损失巨大、影响十分严重的堤防工程，其级别可适当提高；遭受洪灾或失事后损失及影响较小或使用期限较短的临时堤防工程，其级别可适当降低。

对于海堤的乡村防护区，当人口密集、乡镇企业较发达、农作物高产或水产养殖产值较高时，其防洪标准可适当提高；海堤的级别亦相应提高。蓄、滞洪区堤防工程的防洪标准，应根据批准的流域防洪规划或区域防洪规划的要求专门确定。堤防工程上的闸、涵、泵站等建筑物及其他构筑物的设计防洪标准，不应低于堤防工程的防洪标准，并应留有适当的安全裕度。

堤防工程级别和防洪标准，都是根据防护对象的重要性和防护区范围大小而确定的。堤防工程的防洪标准应根据防护区内防护标准较高防护对象的防护标准确定。但是，防护对象有时是多样的，所以不同类型的防护对象，会在防洪标准和堤防级别的认识上有一定的差别。

按照现行国家标准《防洪标准》（GB 50201—2014）中的规定：防护对象的防洪标准应以防御的洪水或潮水的重现期表示；对于特别重要的防护对象，可采用可能最大洪水表示。根据防护对象的不同需要，其防洪标准可采用设计一级或设计、校核两级。各类防护对象的防洪标准应根据经济、社会、政治、环境等因素对防洪安全的要求，统筹协调局部与整体、近期与长远及上下游、左右岸、干支流的关系，通过综合分析论证确定。有条件时，宜进行不同防洪标准所可能减免的洪灾经济损失与所需的防洪费用的对比分析。

对于以下防护对象，其防洪标准应按下列的规定确定：①当防护区内有两种以上的防护对象，且不能分别进行防护时，该防护区的防洪标准应按防洪保护区和主要防护对象中要求较高者确定；②对于影响公共防洪安全的防护对象，应按自身和公共防洪安全两者要求的防洪标准中较高者确定；③兼有防洪作用的路基、围墙等建筑物、构筑物，其防洪标准应按防护区和该建筑物、构筑物的防洪标准中较高者确定。

对于以下的防护对象，经论证，其防洪标准可适当提高或降低：①遭受洪灾或失事后损失巨大、影响十分严重的防护对象，可采用高于国家标准规定的防洪标准；②遭受洪灾或失事后损失及影响均较小或使用期限较短及临时性的防护对象，可采用低于国家标准规定的防洪标准。

按照现行国家标准《防洪标准》（GB 50201—2014）中的规定，堤防工程防护对象的等级和防洪标准见表 3—3。

表 3—3 防护对象的等级和防洪标准

	防护对象的等级	Ⅰ	Ⅱ	Ⅲ	Ⅳ
城市	重要性	特别重要城市	重要	比较重要	一般
城市	常住人口（万人）	≥150	<150,且≥50	<50,且≥250	<20
城市	当量经济规模（万人）	≥300	<300,且≥100	<100,且≥40	<40
城市	防洪标准［重现期（年）］	≥200	200～100	100～50	50～20
乡村	防护区耕地面积（万亩）	≥300	<300,且≥100	<100,且≥30	<30
乡村	防护区人口（万人）	≥150	<150,且≥50	<50,且≥250	<20
乡村	防洪标准［重现期（年）］	100～50	50～30	30～20	20～10
工矿企业	工矿企业规模	特大型	大型	中型	小型
工矿企业	防洪标准［重现期（年）］	200～100	100～50	50～20	20～10
河港	重要性和受淹损失程度	直辖市、省会、首府和重要城市的主要港区陆域，受淹后损失巨大	比较重要城市的主要港区陆域，受淹后损失较大	一般城镇的主要港区陆域，受淹损失较小	—
河港	防洪标准［重现期（年）］ 河网、平原河流	100～50	50～20	20～10	—
河港	防洪标准［重现期（年）］ 山区河流	50～20	20～10	10～5	—
海港	重要性和受淹损失程度	重要的港区陆域，受淹后损失巨大	比较重要港区陆域，受淹后损失较大	一般港区陆域，受淹后损失较小	—
海港	防洪标准［重现期（年）］	200～100	100～50	50～20	—

堤防工程的重要性，通常用堤防工程所防护对象的等级来表示，在表 3—

3中反映了防护对象的重要性,以及防护区的土地、人口的数量和生产规模等。堤防工程防护对象的门类非常多,除了表3-3中所列的城市、乡村、工矿企业、河港和海港外,还有民用机场、文物古迹以及位于洪泛区的铁路、公路、管道工程、水利水电工程、电力设施、环境保护设施、通信设施、旅游设施等,其重要性、普遍性和对防洪安全的要求也各有不同。

第二节 水利工程堤防设计

一、工程管护范围

(一) 工程管理范围划分

①工程主体建筑物:堤身、堤内外戗台、淤区、险工、控导(护滩)、高岸防护等工程建筑物。

②穿、跨堤交叉建筑物:各类穿堤水闸和管线的覆盖范围及保护用地等,其中水闸工程应包括上游引水渠、闸室、下游消能防冲工程和两岸联接建筑物等。

③附属工程设施:其包括观测、交通、通信设施、标志标牌、排水沟及其他维修管理设施。

④管理单位生产、生活区建筑或设施:其包括动力配电房、机修车间、设备材料仓库、办公室、宿舍、食堂及文化娱乐设施等。

⑤工程管护范围:其包括堤防工程护堤地、河道整治工程护坝地及水闸工程的保护用地等,应按照有关法规、规范依法划定,在工程新建、续建、加固时征购。

(二) 工程安全保护范围

与工程管护范围相连的地域,应依据有关法规划定一定的区域,作为工程安全保护范围,在工程新建、续建、加固等设计时,应在设计时依法划定。

堤顶和堤防临、背坡采用集中排水和分散排水两种方案,主要要求如下:

①设置横向排水沟的堤防可在堤肩两侧设置挡水小埝或其他排水设施集中排汇堤顶雨水,小埝顶宽0.2m、高0.15m,内边坡为1:1,外边坡为1:3。临、背侧堤坡每隔100m左右设置1条横向排水沟,临、背侧交错布置,并与纵向排水沟、淤区排水沟连通。

②堤坡、堤肩排水设施采用混凝土或浆砌石结构,尺寸根据汇流面积、降雨情况计算确定。

③堤坡不设排水沟的堤防应在堤肩两侧各植 0.5m 宽的草皮带。

④堤防管理范围内应建设生物防护工程，包括防浪林带、护堤林带、适生林带及草皮护坡等，应按照临河防浪、背河取材、乔灌结合的原则，合理种植，主要要求如下：

第一，沿堤顶两侧栽植一行行道林，株距 2m。

第二，堤防非险工河段的临河侧要种植防浪林带，背河侧种植护堤林带。

对于临河侧防浪林带，外侧种植灌木，近堤侧种植乔木，种植宽度各占一半（株、行距，乔木采用 2m，灌木采用 1m）；对于种植区存在坑塘、常年积水的情况，应有计划地消除坑塘，待坑塘消除后补植。

背河侧护堤林带种植乔木，株、行距均采用 2m。

第三，淤区顶部本着保持工程完整和提供防汛抢险料源的原则种植适生林带。

第四，堤防边坡、戗坡种植草皮防护，墩距为 20cm 左右，梅花形种植；禁止种植树木和条类植物。

第五，具有生态景观功能要求的城区堤段，堤防设计宜结合黄河生态景观的建设要求进行绿化美化。

⑤为满足防汛抢险和工程管理需要，应按照《黄河备防土（石）料储备定额》和有利于改善堤容堤貌的原则，在合适部位储备土（石）料，主要要求如下：

第一，标准化堤防的备防土料应平行于大堤集中存放在淤区，间距 500~1000m，宽度 5~8m，高度比堤顶低 1m，四周边坡 1∶1。

第二，备防石料应在险工坝顶或淤区集中放置，每垛备防石高度为 1.2m，数量以 10 的倍数为准。

⑥淤区顶部排水设施由围堤、格堤和排水沟组成，主要要求如下：

第一，在淤区顶部的外边缘修筑纵向围堤，每间隔 100m 修一条横向格堤。围堤顶宽 1.0m，高度 0.5m，外坡 1∶3，内坡 1∶1.5；格堤顶宽 1.0m，高度 0.5m，内、外坡均为 1∶1。

第二，在淤区顶部与背河堤坡接合部修一条纵向排水沟，并与堤坡横向排水沟连通，直通淤区坡脚；若堤坡采用散排水，淤区纵、横排水沟需相互连通，排水至淤区坡脚。

⑦工程管护基地宜修建在堤防背河侧，按每公里 120m² 标准集中进行建设。

⑧按照减少堤身土体流失和易于防汛抢险的原则建设堤顶道路和上堤辅道，主要要求如下：

第一，未硬化的堤顶采用黏性土盖顶；堤顶硬化路面有碎石路面、柏油路面和水泥路面三种。临黄大堤堤顶一般采用柏油路面硬化，路面结构参照国家三级公路标准设计；其他设防大堤堤顶道路宜按照砂石路面处理。

第二，沿堤线每隔8~10km应硬化不少于1条的上堤辅道，并尽量与地方公路网相连接；上堤辅道不应削弱堤身设计断面和堤肩，坡度宜按7%~8%控制。

⑨在堤防合理位置埋设千米桩、边界桩和界碑等标志，主要要求如下：

第一，从起点到终点，依序进行计程编码，在背河堤肩埋设千米桩。

第二，沿堤防护堤地或防浪林带边界埋设边界桩，边界桩以县局为单位从起点到终点依序进行编码，直线段每200m埋设1根，弯曲段适当加密。

第三，沿堤省、地（市）、县（市、区）等行政区的交界处，应统一设置界碑。

第四，沿堤线主要上堤辅道与大堤交叉处应设置禁行路杆，禁止雨、雪天气行车，并设立超吨位（3吨以上）车辆禁行警示牌。

第五，通往控导、护滩（岸）工程及沿黄乡镇的道口应设置路标。

第六，大型跨（穿）堤建筑物上、下游100m处应分别设置警示牌。

二、设计洪水位的确定

设计洪水位是指堤防工程设计防洪水位或历史上防御过的最高洪水位，是设计堤顶高程的计算依据。接近或达到该水位，防汛进入全面紧急状态，堤防工程临水时间已长，堤身土体可能达饱和状态，随时都有可能出现重大险情。这时要密切巡查，全力以赴，保护堤防工程安全，并根据"有限保证，无限负责"的原则，对于可能超过设计洪水位的抢护工作也要作好积极准备。

三、堤顶高程的确定

当设计洪峰流量及洪水位确定之后，就可以据此设计堤距和堤顶高程。

堤距与堤顶高程是相互联系的。同一设计流量下，如果堤距窄，则被保护的土地面积大，但堤顶高，筑堤土方量大，投资多，且河槽水流集中，可能发生强烈冲刷，汛期防守困难；如果堤距宽，则堤身矮，筑堤土方量小，投资少，汛期易于防守，但河道水流不集中，河槽有可能发生淤积，同时放弃耕地面积大，经济损失大。因此，堤距与堤顶高程的选择存在着经济、技术最佳组合问题。

（一）堤距

堤距与洪水位关系可用水力学中推算非均匀流水面线的方法确定，也可按均匀流计算得到设计洪峰流量下堤距与洪水位的关系。堤距的确定，需按照堤线选择原则，并从当地的实际情况出发，考虑上下游的要求，进行综合考虑。除进行投资与效益比较外，还要考虑河床演变及泥沙淤积等因素。例如，黄河下游大堤堤距最大达15～23km，远远超出计算所需堤距，其原因不只是容、泄洪水，还有滞洪滞沙的作用。最后，选定各计算断面的堤距作为推算水面线的初步依据。

（二）堤顶高程

堤顶高程应按设计洪水位或设计高潮位加堤顶超高确定。

堤顶超高应考虑波浪爬高、风壅增水、安全加高等因素。为了防止风浪漫越堤顶，需加上波浪爬高，此外还需加上安全超高，堤顶超高按式（3－1）计算确定。1、2级堤防工程的堤顶超高值不应小于2.0m。

$$Y = R + E + A \quad (3-1)$$

式中：Y——堤顶超高，m；

R——设计波浪爬高，m；

E——设计风壅增水高度，m；

A——安全加高，m，按表3－4确定。

表3－4　　　　　　　　堤防工程的安全加高值

堤防工程的级别		1	2	3	4	5
安全加高值（m）	不允许越浪的堤防工程	1.0	0.8	0.7	0.6	0.5
	允许越浪的堤防工程	0.5	0.4	0.4	0.3	0.3

波浪爬高与地区风速、风向、堤外水面宽度和水深，以及堤外有无阻浪的建筑物、树林、大片的芦苇、堤坡的坡度与护面材料等因素都有关系。

四、堤身断面尺寸

堤身横断面一般为梯形，其顶宽和内外边坡的确定，往往是根据经验或参照已建的类似堤防工程，首先初步拟定断面尺寸，然后对重点堤段进行渗流计算和稳定校核，使堤身有足够的质量和边坡，以抵抗横向水压力，并在渗水达到饱和后不发生坍滑。

堤防宽度的确定，应考虑洪水的渗径和汛期抢险交通运输以及防汛备用器材堆放的需要。汛期高水位，若堤身过窄，渗径短，渗透流速大，渗水容易从大堤背水坡腰逸出，发生险情。对此，须按土坝渗流稳定分析方法计算大堤浸润线位置检验堤身断面。中国主要江河堤顶宽度：荆江大堤为8～12m，长江其他干堤7～8m，黄河下游大堤宽度一般为12m（左岸贯孟堤、太行堤上段、利津南宋至四段、右岸东平湖 8 段临黄山口隔堤和垦利南展上界至二十一户为 10m）。为便于排水，堤顶中间稍高于两侧（俗称花鼓顶），倾斜坡度 3%～5%。

边坡设计应视筑堤土质、水位涨落强度和洪水持续历时、风浪、渗透情况等因素而定。一般是临水坡较背水坡陡一些。在实际工程中，常根据经验确定。如果采用壤土或沙壤土筑堤，且洪水持续时间不太长，当堤高不超过 5m 时，堤防临水坡和背水坡边坡系数可采用 2.5～3.0；当堤高超过 5m 时，边坡应更平缓些。例如荆江大堤，临水坡边坡系数为 2.5～3.0，背水坡为 3.0～6.3，黄河下游大堤标准化堤防工程建成后临水坡和背水坡边坡系数均为 3.0。若堤身较高，为增加其稳定性和防止渗漏，常在背水坡下部加筑戗台或压浸台，也可将背水坡修成变坡形式。

五、渗流计算与渗控措施设计

一般土质堤防工程，在靠水、着溜时间较长时，均存在渗流问题。同时，平原地区的堤防工程，堤基表层多为透水性较弱的黏土或沙壤土，而下层则为透水性较强的砂层、砂砾石层。当汛期堤外水位较高时，堤基透水层内出现水力坡降，形成向堤防工程背河的渗流。在一定条件下，该渗流会在堤防工程背河表土层非均质的地方突然涌出，形成翻沙鼓水，引起堤防工程险情，甚至出现决口。因此，在堤防工程设计中，必须进行渗流稳定分析计算和相应的渗控措施设计。

（一）渗流计算

水流由堤防工程临河慢慢渗入堤身，沿堤的横断面方向连接其所行经路线的最高点形成的曲线，称为浸润线。渗流计算的主要内容包括确定堤身内浸润线的位置、渗透比降、渗透流速以及形成稳定浸润线的最短因时等。

（二）渗透变形的基本形式

堤身及堤基在渗流作用下，土体产生的局部破坏，称为渗透变形。渗透变形的形式及其发展过程，与土料的性质及水流条件、防渗排渗等因素有关，一般可归纳为管涌、流土、接触冲刷、接触流土或接触管涌等类型。管涌为非黏性土中，填充在土层中的细颗粒被渗透水流移动和带出，形成渗流通道的现象；流土为局部范围内成块的土体被渗流水掀起浮动的现象；接触冲刷为渗流沿不同材料或土层接触面流动时引起的冲刷现象；当渗流方向垂直于不同土壤的接触面时，可能把其中一层中的细颗粒带到另一层由较粗颗粒组成的土层孔隙中的管涌现象，称为接触管涌。如果接触管涌继续发展，形成成块土体移动，甚至形成剥蚀区时，便形成接触流土。接触流土和接触管涌变形，常出现在选料不当的反滤层接触面上。渗透变形是汛期堤防工程常见的严重险情。

一般认为，黏性土不会产生管涌变形和破坏，沙土和砂砾石，其渗透变形形式与颗粒级配有关。颗粒不均匀系数，$\eta=d_{60}/d_{10}<10$ 的土壤易产生流土变形；$\eta>20$ 的土壤会产生管涌变形；$10<\eta<20$ 的土壤，可能产生流土变形，也可能产生管涌变形。

（三）产生管涌与流土的临界坡降

使土体开始产生渗透变形的水力坡降为临界坡降。当有较多的土料开始移动时，产生渗流通道或较大范围破坏的水力坡降，称为破坏坡降。临界坡降可用试验方法或计算方法加以确定。

为了防止堤基不均匀性等因素造成的渗透破坏现象，防止内部管涌及接触冲刷，容许水力坡降可参考建议值（见表3-5）选定。如果在渗流出口处做有滤渗保护措施，表3-5中所列允许渗透坡降可以适当提高。

表3-5　　　　控制堤基土渗透破坏的容许水力坡降

基础表层土名称	堤坝等级			
	Ⅰ	Ⅱ	Ⅲ	Ⅳ
一、板桩形式的地下轮廓				
1. 密实黏土	0.50	0.55	0.60	0.65
2. 粗砂、砾石	0.30	0.33	0.36	0.39
3. 壤土	0.25	0.28	0.30	0.33
4. 中砂	0.20	0.22	0.24	0.26
5. 细砂	0.15	0.17	0.18	0.20
二、其他形式的地下轮廓				
1. 密实黏土	0.40	0.44	0.48	0.52
2. 粗砂、砾石	0.25	0.28	0.30	0.33
3. 壤土	0.20	0.22	0.24	0.26
4. 中砂	0.15	0.17	0.18	0.20
5. 细砂	0.12	0.13	0.14	0.16

（四）渗控措施设计

堤防工程渗透变形产生管漏涌沙，往往是引起堤身蛰陷溃决的致命伤。为此，必须采取措施，降低渗透坡降或增加渗流出口处土体的抗渗透变形能力。目前工程中常用的方法，除在堤防工程施工中选择合适的土料和严格控制施工质量外，主要采用"外截内导"的方法治理。

1. 临河面不透水铺盖

在堤防工程临水面堤脚外滩地上，修筑连续的黏土铺盖，以增加渗径长度，减小渗流的水力坡降和渗透流速，是目前工程中经常使用的一种防渗技术。铺盖的防渗效果，取决于所用土料的不透水性及其厚度。根据经验，铺盖宽度约为临河水深的15～20倍，厚度视土料的透水性和干容重而定，一般不小于1.0m。

2. 堤背防渗盖重

当背河堤基透水层的扬压力大于其上部不（弱）透水层的有效压重时，为防止发生渗透破坏，可采取填土加压，增加覆盖层厚度的办法来抵抗向上的渗透压力，并增加渗径长度，消除产生管涌、流土险情的条件。盖重的厚度和宽度，可依盖重末端的扬压力降至允许值的要求设计。近些年来，在黄河和长江一些重要堤段，采用堤背放淤或吹填办法增加盖重，同时起到了加固堤防和改良农田的作用。

3. 堤背脚滤水设施

对于洪水持续时间较长的堤防工程，堤背脚渗流出逸坡降达不到安全容许坡降的要求时，可在渗水逸出处修筑滤水戗台或反滤层、导渗沟、减压井等工程。

滤水戗台通常由砂、砾石滤料和集水系统构成，修筑在堤背后的表层土上，增加了堤底宽度，并使堤坡渗出的清水在戗台汇集排出。反滤层设置在堤背面下方和堤脚下，其通过拦截堤身和从透水性底层土中渗出的水流挟带的泥沙，防止堤脚土层侵蚀，保证堤坡稳定。堤背后导渗沟的作用与反滤层相同。当透水地基深厚或为层状的透水地基时，可在堤坡脚处修建减压井，为渗流提供出路，减小渗压，防止管涌发生。

第三节　堤基及堤身施工

一、堤基施工

（一）堤基清理

1. 堤基清理施工程序

堤基清理施工程序：测量放样→植被清除（填筑线外侧0.5m范围内）→表土清理→坑塘处理、截水沟开挖、临时排水→自检资料、实验整理→监理及各方联合验收。

2. 堤基清理施工方法

①植被清理。表层杂物、杂草、树根、表层腐殖土、泥炭土、洞穴、沟、槽等清除工作采用人工配合推土机铲推成堆；表层是耕地或松土，清除表面后先平整再压实。将堤基清除的弃土、杂物、废渣等由挖掘机装车运至指定的弃渣场堆放，或堆至河道开挖面随后随河道开挖一并运至弃土场。部分大树根采用挖掘机深挖取出，所留坑塘在堤防填筑前根据碾压实验方案进行回填碾压填平处理。

②表土清挖。堤基清理范围：迎水坡为设计基面边线外 30~50cm，背水坡为设计基面边线外 30~50cm。

表土清挖根据堤围地形情况，分阶段分层进行。划分层次以后，挖掘机进行表土浅挖，浅挖标准为现状标高以下 20~30cm，推土机集料，挖掘机装车，自卸汽车运土到弃渣场堆放。在清挖过程中修筑截水沟，设置必要的排水设施。为达到压实度要求，在清除表层浮土后采用压路机将清理痕迹碾压至平整。

高低结合处先用推土机沿堤轴线推成台阶状，交接宽度不小于 50cm，地表先进行压实及基础处理，测量出地面标高、断面尺寸。

原地面横坡度不陡于 1∶5 时，清除植被；横坡度陡于 1∶5 时，原地面挖成台阶，台阶宽度不小于 1m；每级台阶高度不大于 30cm。

基面清理平整后，报监理验收。基面验收后抓紧施工；若不能立即施工时，做好基面保护，复工前再检验，必要时需重新清理。

3. 基面清理工序施工质量

在堤基清理工作完成后，参照《水利水电工程单元工程施工质量验收评定标准－堤防工程》（SL 634－2012）需要按照表 3－6 标准进行检验。

表 3－6　　　　　　　　　　基面清理工序施工质量标准

项次	检验项目	质量要求	检验方法	检验数量
主控项目	表层清理	堤基表层的淤泥、腐殖土、泥炭土、草皮、树根、建筑垃圾等应清理干净	观察	全面检查
	堤基内坑、槽、沟、穴等处理	按设计要求清理后回填、压实	土工试验	每处或每 400m² 每层取样一个
	结合部处理	清除结合部表面杂物，并将结合部挖成台阶状	观察	全面检查

续表

项次	检验项目	质量要求	检验方法	检验数量
一般项目	清理范围	基面清理包括堤身、戗台、铺盖、盖重、堤岸防护工程的基面，其边界应在设计边线外0.3～0.5m。老堤加高培厚的清理尚应包括堤坡及堤顶等	量测	按施工段堤轴线长20～50m量测一次

（二）软弱堤基施工

1. 垫层法

（1）垫层法加固原理

在软弱堤基上铺设垫层可以扩散堤基承受的荷载，减少堤基的应力和变形，提高堤基的承载力，从而使堤基满足稳定性的要求；同时由于垫层的透水性较好，在堤基受压后，垫层可作为良好的排水面，使堤基里的孔隙水压力迅速消散，从而加速堤基的排水固结，提高堤基强度。

（2）垫层法适用范围

垫层法适用于深度在 2.5m 内的软弱堤基处理，不宜用于加固湿陷性黄土堤基及膨胀土堤基。

（3）垫层法施工材料

垫层法施工时，其透水材料可以使用砂、砂砾石、碎石、土工织物，各透水材料可单独使用亦可两者结合使用。砂、砂砾石、碎石垫层材料要有良好的级配，质地坚硬，其颗粒的不均匀系数应不小于10。砂砾中石子粒径应小于50mm；碎石粒径宜在 5～40mm 范围内。各透水材料中均不得含有草根、垃圾等杂物，含泥量应小于5%；兼作排水垫层时，含泥量不得超过3%。

（4）垫层法施工要点

①铺筑垫层前要清除基底的浮土、淤泥、杂物等。

②垫层底面尽量铺设在同一高程上，当垫层深度不同时，要按先深后浅的顺序施工，交接处挖成踏步或斜坡状搭接，并加强对搭接处的压实。

③垫层要分层铺设，分层夯实或压实，每层铺设厚度要根据压实方法而定，可采用平振法、夯实法、碾压法等。夯实、碾压遍数、振实时间可在现场通过试验确定。

④人工级配的砂石，施工时要先将砂石拌和均匀后，再铺垫夯实或压实。

(5) 垫层法质量检查

①砂砾、碎石垫层采用挖坑灌砂法或灌水法检测其干密度,应满足设计要求。

②砂和砂砾石垫层现场简易测定采用钢筋贯入测定法。测定时先将垫层表面刮除 3cm 左右,然后将直径 20mm、长 1250mm 的平头钢筋,举离砂 700mm 自由落下,插入深度不大于根据该砂的控制干密度测定的合格标准,检验点间距 4m。

2. 强夯法

(1) 强夯法适用范围

本工艺标准适用于碎石土、砂土、低饱和度粉土、黏性土、湿陷性黄土、高回填土、杂填土等地基加固工程;也可用于粉土及粉砂液化的地基加固工程;但不得用于不允许对工程周围建筑物和设备有一定振动影响的地基加固工程,必须用时,应采取防震、隔震措施。

(2) 强夯法施工准备

主要机具设备:

①夯锤。锤重 10~40t,形状多为圆柱体,外壳用 18~20mm 钢板制作,内焊直径 16~20mm、间距 200~300mm 的三向钢筋网片,并设直径 60mm 吊环,对中焊接在底板上,夯锤中设置 4~6 个 φ250~300mm 排气孔。内部浇筑 C25 以上混凝土,锤底面积 4~6m^2。亦可用钢锤。

②起重机械。宜选用 15t 以上带有自动脱钩装置的履带式起重机或其他专用的起重设备。采用履带式起重机时,可在臂杆端部设置辅助门架或采取其他安全措施,防止落锤时机架倾覆。当起重机吨位不够时,亦可采取加钢支架的办法,起重能力应大于夯锤重量的 1.5 倍。

③自动脱钩器。要求有足够强度,起吊时不产生滑钩;脱钩灵活,能保持夯锤平稳下落,同时挂钩方便、快捷。

④推土机。用作平场、整平夯坑和做地锚。

⑤检测设备。有标准贯入重型触探或轻便触探、静力承载力等设备以及土工常规试验仪器。

作业条件:

①应有工程地质勘探报告、强夯场地平面图及设计对强夯的夯击能、压实度、加固深度、承载力要求等技术资料。

②强夯范围内的所有地上、地下障碍物及各种地下管线已经拆除或拆迁,对不能拆除的已采取防护措施。

③场地已整平并修筑了机械设备进出道路,表面松散土层已经碾压。雨期

施工周边已挖好排水沟，防止场地表面积水。

④已选定试夯区做强夯试验，通过原位试夯和测试，确定强夯施工的各项技术参数，制定强夯施工方案。

⑤当作业区地下水位较高或表层为饱和黏性土层不利于强夯时，应先在表面铺 0.5~2.0m 厚的砂砾石或块石垫层，以防设备下陷和便于消散孔隙水压，或采取降低地下水位措施后强夯。

⑥当强夯所产生的震动对周围邻近建（构）筑物有影响时，应在靠建（构）筑物一侧挖减振沟或采取适当加固防振措施，并设观测点。

⑦测量放线，按设计图座标定出强夯场地边线，钉木桩撒白灰标出夯点位置，并在不受强夯影响的场地外缘设置若干个水准基点。

(3) 强夯法施工操作工艺

①强夯施工程序：清理、整平场地→标出第一遍夯点位置、测量场地高程→起重机就位、夯锤对准夯点位置→测量夯前锤顶高程→将夯锤吊到顶定高度，脱钩自由下落进行夯击，测量锤顶高程→重复夯击，按规定夯击次数及沉量差控制标准，完成一个夯点的夯击→重复以上工序，完成第一遍全部夯点的夯击→用推土机将夯坑填平，测量场地高程→在规定的间隔时间后，按上述程序逐次完成→用低能量满夯，将场地表层松土夯实。并测量夯后场地高程。

②强夯前应通过试夯确定施工技术参数，试夯区平面尺寸不宜小于 20m×20m。在试夯区夯击前，应选点进行原位测试，并取原状土样，测定有关土性数据，留待试夯后，仍在此处进行测试并取土样进行对比分析，如符合设计要求，即可按试夯时的有关技术参数确定正式强夯的技术参数。否则，应对有关技术参数适当调整或补夯确定。强夯施工技术参数选择见表 3-7。

表 3-7　　　　　　　　强夯施工技术参数的选择

项次	项目	施工技术参数
1	锤重和落距	锤重 C 与落距 h 是影响夯击能和加固深度的重要因素，锤重一般不宜小于 8t，常用的为 10t、15t、20t。落距一般不小于 10m，多采用 10m、13m、15m、18m、20m、25m 几种
2	夯击能	锤重 C 与落距 h 的乘积称为夯击能 E，一般取 600~3000kN，一般对砂质土取 1000~1500kN/m²，对黏性土取 1500~3000kN/m²。夯击能过小，加固效果差；夯击能过大，对于饱和黏土会破坏土体，形成橡皮土（需另行采取措施处理），降低强度

续表

项次	项目	施工技术参数
3	夯击点布置及间距	夯击点布置对大面积地基，一般采用梅花形或方形网格排列；对条形基础，夯点可成行布置；对工业厂房独立柱基础，可按柱网设置单点夯击，夯点间距取夯锤直径的3倍，一般为5～9m，一般第一遍夯点的间距宜大，以便夯击能向深部传递
4	夯击遍数与击数	一般为2～3遍，前两遍为"点夯"，最后一遍以低能量（为前几遍能量的1/3～1/2或按设计要求）进行"满夯"（即锤印彼此搭接），以加固前几遍夯点间隙之间的黏土和被振松的表土层。每夯击点的夯击数以使土体竖向压缩量最大而侧向移动最小，最后两击沉降量之差小于规范要求或试夯确定的数值为准，一般软土控制瞬时沉降量为5cm，废渣填石地基控制的最后两击下沉量之差≤5cm。每夯击点之夯击数一般为6～9击，点夯击数宜多些，多遍点夯击数逐渐减小，满夯只夯1～2击
5	两遍之间的间隔时间	通常待土层内超孔隙水压力大部分消散，地基稳定后再夯下一遍，一般时间间隔1～2周。对黏土或冲积土常为3周，若无地下水或地下水位在5m以下，含水量较少的碎石类填土或透水性强的砂性土，可采用间隔1～2周，或采用连续夯击而不需要间歇
6	强夯加固范围	对于重要工程应比设计地基长（L）、宽（B）各大出一定加固宽度，有设计要求的则按设计，对于一般建筑物，则加宽3～5m
7	加固影响深度	加固影响深度H（m）与强夯工艺有密切关系，一般按修正的梅那氏（法）公式估算：$H = K\sqrt{hC}$，式中C—夯锤重力，kN；h—落距（锤底至起夯面距离），m；K—折减系数，一般黏性土取0.5，砂性土取0.7

③强夯应分段进行，顺序从边缘夯向中央。对厂房柱基亦可一排一排夯，起重机直线行驶，从一边向另一边进行，每夯完一遍，用推土机平整场地，放线定位，即可接着进行下一遍夯击。强夯法的加固顺序是：先深后浅，即先加固深层土，再加固中层土，最后加固表层土。二遍点夯完成后，再以低能量满夯一遍，有条件的以采用小夯锤夯击为佳。

④夯击时应按试夯和设计确定的强夯参数进行，落锤应保持平稳，夯点位应准确，夯击坑内积水应及时排除。若错位或坑底倾斜过大，宜用砂土将坑底垫平；坑底含水量过大时，可铺砂石后再进行夯击。在每一遍夯击之后，要用新土或用周围的土将夯击坑填平，再进行下一遍夯击。强夯后，基坑应及时平整，场地四周挖排水沟，防止坑内积水，最好浇筑混凝土垫层封闭。

⑤夯击过程中，每点夯击均要用水平仪进行测量，保证最后两击沉量差满足规范要求。夯击一遍完成后，应测量场地平均下沉量，并做好现场施工记录。

⑥雨季施工时，应及时排除夯坑内或夯击过的场地内积水，并晾晒3~4d。夯坑回填土时，宜用推土机稍加压实，并稍高于附近地面，防止坑内填土吸水过多，夯击出现橡皮土现象。若出现橡皮土可采用置换土体或加片石。

⑦冬期施工，如地面有积雪，必须清除。如有冻土层，应先将冻土层击碎，并适当增加夯击数。

⑧强夯结束，待孔隙水压力消散后，间隔1~2周时间后进行检测，检测点数一般不少于3处。

（4）强夯法质量标准

验收批划分原则：竣工后的结果（地基压实度或承载力）必须达到设计要求的标准。压实度检验数量：每单位工程不应少于6点，1000m² 以上工程至少应有6点，以后每增加1000m² 则增加1点。承载力一般一个工程只做1~2组，或按设计要求。每一独立基础下至少应有1点压实度或触探，基槽每20延米应有1点。

①施工前应检查夯锤重量、尺寸，落距控制手段，排水设施及被夯地基的土质。

②施工中应派专人检查落距、夯点位置、夯击击数、每击的夯沉量、夯击范围。

③施工结束后，检查被夯地基的压实度并进行承载力检验。

④强夯地基质量检验标准应符合《建筑地基基础工程施工质量验收标准》（GB 50202—2018）表3-8要求。

表3-8　　　　　　　　强夯地基质量检验标准

项目	序号	检查项目	允许值或允许偏差		检查方法
			单位	数值	
主控项目	1	地基承载力		不小于设计值	静载试验
	2	处理后地基土的强度		不小于设计值	原位测试
	3	变形指标		设计值	原位测试

续表

项目	序号	检查项目	允许值或允许偏差 单位	允许值或允许偏差 数值	检查方法
一般项目	1	夯锤落距/mm		±300	钢索设标志
一般项目	2	夯锤质量/kg		±100	称重
一般项目	3	夯击遍数		不小于设计值	计数法
一般项目	4	夯击顺序		设计要求	检查施工记录
一般项目	5	夯击击数		不小于设计值	计数法
一般项目	6	夯点位置/mm		±500	用钢尺量
一般项目	7	夯击范围（超出基础范围距离）		设计要求	用钢尺量
一般项目	8	前后两遍间歇时间		设计值	检查施工记录
一般项目	9	最后两击平均夯沉量		设计值	水准测量
一般项目	10	场地平整度/mm		±100	水准测量

3. 插塑板排水固结法

（1）插塑板排水固结法加固原理

在软弱土层中插入塑料排水板，使土层中形成垂直水流通道，加速软弱堤基在外压荷载作用下的排水固结。

（2）插塑板排水固结法适用范围

这种方法适用于透水性低的软弱黏性土，对于泥炭土等有机沉积物不适用。

（3）插塑板排水固结法施工材料

目前，国内外塑料排水板多采用聚丙烯、聚乙烯、聚氯乙烯等高分子材料制成，排水板结构主要有槽形槽塑料板、梯形槽塑料板、三角形槽塑料板、硬透水膜塑料板、无纺布螺旋孔排水板、无纺布柔性排水板等。在施工选用塑料板时，要选用滤膜透水性好、排水沟槽输水畅通、强度高、耐久性好、质量轻、耐酸、耐碱、耐腐蚀的塑料板，其各项技术指标均要满足设计和规范要求。

（4）插塑板排水固结法施工机械

塑料排水板的施工机械主要有履带式插板机和液压轨道行走式板桩机，其打设装置分锤击和振动两种方式，施工时可根据具体情况进行选择。

（5）插塑板排水固结法施工要点

①测量放样：用测量仪器测出堤轴线的中心位置，堤身内外坡脚用控制桩

进行标识，施工时使用的轴线控制桩及水平控制桩都要划出施工机械的活动范围，做好标识并进行保护。

②堤基表层清理：施工前必须挖除堤基表层的树木、树桩、树根、杂草、垃圾、废渣及其他杂土。

③中粗砂垫层铺填：选用质地坚硬、含泥量不大于5%的中粗砂进行垫层铺填，铺填厚度一般为20~60cm，摊铺厚度要均匀并适量洒水（砂料含水率在8%~12%之间为宜），然后可用小型压路机进行压实。

④板位放样：按照设计图纸用测量仪器对板位进行放样，可采用按段方格网平差的方式定出板位并做好标记，板位误差控制在3cm以内，填写放样记录。

⑤塑料排水板打设：先进行插板机的调试和定位，检查插板机的水平度是否合格，然后将塑料排水板通过井架上的滑轮插入套管内，用滚轴夹住塑料排水板随前端套着板靴一起压入土中，导杆达到预定深度后，输送滚轴反转松开排水板上套管，塑料排水板便留在土中；打入地基的排水板必须为整板，长度不足的严禁接长使用；打设后，地面的外露长度不得小于30cm；检查并记录每根板桩的施工情况，符合验收标准时再移机打设下一根排水板，否则必须在临近板位处进行补打。

(6) 插塑板排水固结法施工观测

在塑料排水板施工时要设置沉降标，定期观测施工期间的沉降量，监测基土动态，一旦发现异常现象，要及时采取对策。

4. 砂井排水固结法

(1) 砂井排水固结法适用范围

砂井排水固结法的适用范围和插塑板排水固结法的一样。

(2) 砂井排水固结法施工材料和设备

施工所需砂料选用中、粗砂，粒径以0.3~3.0mm为宜，且含泥量不得超过5%。不同的砂井成孔方法所需的施工设备亦有所不同，砂井成孔方法主要有套管法、水冲法、钻孔法。套管法所使用的设备有锤击沉管机和振动沉管机；水冲法施工所需设备较为简单，主要是通过高压水管和专用喷头射出高压水冲击成孔；钻孔法是采用钻机钻孔，提钻后在孔内灌砂成形。

(3) 砂井排水固结法施工要点

①垫层铺设：砂垫层的作用是将砂井连成一片，形成排水通道，同时作为应力扩散层，便于施工设备行走。施工时要选用质地坚硬、含泥量不大于5%的中粗砂。砂垫层厚度0.3~0.5m，推土机或人工摊铺，适量洒水（砂料含水率控制在8%~12%之间），用压路机或平板振动器压实。

②测量放样：对施工区域进行测量放样，按设计图纸定出每个砂井的位置并做好标记，填写放样记录。

③砂井成孔：砂井施工一般先在地基中成孔，再在孔内灌砂形成砂井。表3-9为砂井成孔和灌砂方法。选用时应尽量选用对周围土扰动小且施工效率高的方法。

表3-9　　　　　　　　　　砂井成孔和灌砂方法

类型	成孔方法	灌砂方法		
使用套管	管端封闭	冲击打入	用压缩空气	静力提拔套管
		振动打入	用饱和砂	振动提拔套管
		静力打入		静力提拔套管
	管端敞开	浸水自然下沉		静力提拔套管
不使用套管	旋转射水、冲击射水	用饱和砂		

砂井成孔的典型方法有套管法、螺旋钻成孔法等。

第一，套管法。该法是将套管沉到预定深度，在管内灌砂，然后拔出套管形成砂井。根据沉管工艺的不同，又分为静压沉管法、锤击沉管法、锤击静压联合沉管法和振动沉管法等。

静压、锤击及其联合沉管法提管时宜将管内砂柱带起来，造成砂井缩颈或断开，影响排水效果，辅以气压法虽有一定效果，但工艺复杂。

采用振动沉管法，是以振动锤为动力，将套管沉到预定深度，灌砂后振动、提管形成砂井。该法能保证砂井连续，但其振动作用对土的扰动较大。此外，沉管法的缺点是由于击土效应产生一定的涂抹作用，影响孔隙水排出。

第二，螺旋钻成孔法。该法以螺旋钻具干钻成孔，然后在孔内灌砂形成砂井。此法适用于陆上工程，砂井长度在10m以内，土质较好，不会出现缩颈和塌孔现象的软弱地基。该法所用设备简单而机动，成孔比较规整，但灌砂质量较难掌握，对很软弱的地基也不适用。

④压载施工：砂井施工完成后，为加快堤基的排水固结，要在堤基上分级进行压载，加载时要注意加强现场监测，防止出现滑动破坏等失稳事故。

（三）透水堤基施工

透水堤基处理的目的，主要是减少堤基渗透性，保持渗透稳定，防止堤基产生管涌或流土破坏，以确保堤防工程安全。

1. 截水槽

（1）截水槽适用范围

截水槽适用于浅层透水堤基的截渗处理。

(2) 截水槽施工要点

①基坑排水。截水槽的排水水源包括地面径流、施工废水和地下水。前二者可用布置在截水槽两侧的表面排水沟排除。地下水的降低和排除，一般采用明沟排水法和井点降水法。

②截水槽开挖。可用挖土机挖土、自卸汽车出渣的机械化施工，也可用人工施工，人工开挖截水槽的断面一般为阶梯形。

③截水槽基岩的处理。对于强风化岩层，可直接采取机械挖掘、快速铺土、迅速夯实封堵；对裂隙发育、单位吸水率大的基岩采用钻孔灌浆处理；截水槽两侧砂砾料与回填土料接触面设置反滤层。

④土料回填。基岩渗水等处理并验收合格后，即可进行土料回填，回填从低洼处开始，截水槽填筑面保持平起施工，同时结合排水，使填筑工作面高于地下水位 1~1.5m。

2. 防渗铺盖

相对不透水层埋藏较深，透水层较厚且临水侧有稳定滩地的堤防，宜采用防渗铺盖防渗。

防渗铺盖布设于堤前一定范围内，对于增加渗径、减少渗漏效果较好。根据铺盖使用的材料，可分为黏土铺盖、混凝土铺盖、土工膜铺盖等，并在表面设置保护层及排气排水系统。

(四) 多层堤基施工

双层或多层堤基的处理措施除上述方法外，还有减压沟、减压井和盖重等。

①多层堤基如无渗流稳定安全问题，施工时仅需将经清基的表层土夯实后即可填筑堤身。

②表层弱透水层较厚的堤基，可采用堤背侧加盖重进行处理，先用符合反滤要求的砂、砾等在堤背侧平铺盖住，表层再用块石压盖。

③对于多层结构地基，其上层土层为弱透水地基，下层为强透水层，当发生大面积管涌流土或渗水时，可以采用减压井（沟）作为排水设备。

减压井布置：平行于堤脚，垂直于渗流方向。

减压井组成：井管（包括滤层）、排水沟、测压管及井盖等。

技术指标：井管直径 0.1~0.3m，井距 15~50m，进水滤管进入透水层 50%~100%，井管材料可以是混凝土、砾石混凝土、多孔石棉水泥、钢管及塑料管等，排水减压井的构造与一般管井相同。

减压井的施工：一般在枯水季节施工，排水减压井钻井时一般用清水钻进，钻完井后再用清水洗井；当地质条件不好，清水固壁钻井困难时，也可采用泥浆固壁钻进，但成井后必须严格洗井，用清水将井壁冲洗干净，按设计要求安装井管。

（五）岩石堤基施工

1. 岩石堤基施工处理原则

①堤基为岩石，如表面无强风化岩层，除表面清理外，一般可不进行专门处理。

②强风化或裂隙发育的岩石，可能使裂隙充填物或堤体受到渗透破坏的，应进行处理。

③因岩溶等原因，堤基存在空洞或涌水，将危及堤防安全，必须进行处理。

2. 强风化或裂隙发育岩基的处理

①强风化岩层堤基，先按设计要求清除松动的岩石，并在筑砌石堤或混凝土堤时基面铺设水泥砂浆，层厚大于 30mm，筑土堤时基面需涂刷厚 3mm 的浓黏土浆。

②当岩石为强风化，并可能使岩石堤基或堤身受到渗透破坏时，在防渗体下采用砂浆或混凝土垫层封堵，使岩石与堤身隔离，并在防渗体下游设置反滤层，防止细颗粒被带走；非防渗体部分用滤料覆盖即可。

③裂隙比较密集的基岩，采用水泥固结灌浆或帷幕灌浆，按有关规范进行处理。

3. 岩溶处理

（1）岩溶处理目的

岩溶处理的目的是控制渗漏，保证度汛时的渗流稳定，减少渗漏量和提高堤基的承载能力，确保堤防的安全。

（2）岩溶处理措施

岩溶的处理措施可归纳为：①堵塞漏水的洞穴和泉眼；②在漏水地段做黏土、混凝土、土工膜或其他形式的铺盖；③用截渗墙结合灌浆帷幕处理，截断漏水通道；④将间歇泉、落水洞等围住，使之与江（河、海）水隔开；⑤将堤下的泉眼、漏水点等导出堤外；⑥进行固结灌浆或帷幕灌浆。

以上这些处理措施，从施工角度看，即开挖、回填和灌浆三种办法的配合应用。

对于处在基岩表层或埋藏较浅的深槽、溶洞等，可以从地表进行开挖，清除因溶蚀作用而风化破碎的岩石和洞穴中的充填物，冲洗干净后，用混凝土进行填塞。对于石灰岩中的溶蚀现象，沿陡倾角裂隙或层面延伸很深，不易直接开挖者，可根据实际情况采用灌浆处理或洞挖回填，或两者结合，洞挖回填后再做灌浆处理。

二、堤身施工

(一) 土坝填筑与碾压施工作业

1. 影响因素

土料压实的程度主要取决于机具能量、碾压遍数、铺土的厚度和土料的含水量等。

土料是由土料、水和空气三相体所组成。通常固相的土粒和液相的水是不会被压缩的。土料压实就是将被水包围的细土颗粒挤压填充到粗土粒间孔隙中去，从而排走空气，使土料的空隙率减小，密实度提高。一般来说，碾压遍数越多，则土料越紧实。当碾压到接近土料极限密度时，再进行碾压起的作用就不明显了。

在同一碾压条件下，土的含水量对碾压质量有直接的影响。当土具有一定含水量时，水的润滑作用使土颗粒间的摩擦阻力减小，从而使土易于密实。但当含水量超过某一限度时，土中的孔隙全由水来填充而呈饱和状态，反而使土难以压实。即当含水量达到这一限度时，所得到的土料密实度为最大。

2. 压实机具及其选择

在碾压式的小型土坝施工中，常用的碾压机具有平碾、肋条碾，也有用重型履带式拖拉机作为碾压机具使用的。碾压机具主要靠沿土面滚动时碾本身的自重，在短时间内对土体产生静荷重作用，使土粒互相移动而达到密实。

根据压实作用力来划分，通常有碾压、夯击、振动压实三种机具。随着工程机械的发展，又有振动和碾压同时作用的振动碾，产生振动和夯击作用的振动夯等。常用的压实机具有以下几种。

(1) 平碾、肋条碾及羊脚碾

平碾的滚筒可用钢板卷制而成，滚筒一端有小孔，从小孔中可加入铁粒等，以增加其重量。平碾的滚筒也可用石料或混凝土制成。一般平碾的质量（包括填料重）为5～12t，沿滚筒宽度的单宽压力为200～500N/cm，铺土厚度一般不超过20～25cm。

肋条碾可就地用钢筋混凝土制作，它与平碾不同之处在于作用地土层上的单位压力比平碾大，压实效果较好，可减少土层的光面现象。

羊脚碾是用钢板制成滚筒，表面上镶有钢制的短柱，形似羊脚，筒端开有小孔，可以加入填料，以调节碾重。羊脚碾工作时，羊脚插入铺土层后，使土料受到挤压及揉搓的联合作用而压实。羊脚碾碾压黏性土的效果好，但不适宜于碾压非黏性土。

(2) 振动碾

这是一种振动和碾压相结合的压实机械。它是由柴油机带动与机身相连的附有偏心块的轴旋转，迫使碾滚产生高频振动。振动功能以压力波的形式传到土体内。非黏性土料在振动作用下，土粒间的内摩擦力迅速降低，同时由于颗粒大小不均匀，质量有差异，导致惯性力存在差异，从而产生相对位移，使细颗粒填入粗颗粒间的空隙而达到密实。然而，黏性土颗粒间的粘结力是主要的，且土粒相对比较均匀，在振动作用下，不能取得像非黏性土那样的压实效果。

由于振动作用，振动碾的压实影响深度比一般碾压机械大 1～3 倍，可达 1m 以上。它的碾压面积比振动夯、振动器压实面积大，生产率很高。国产 SD-80-13.5 型振动碾全机质量为 13.5t，振动频率为 1500～1800 次/min，小时生产率高达 600m³/台时。振动压实效果好，使非黏性土料的相对密度大为提高，坝体的沉陷量大幅度降低，稳定性明显增强，使土工建筑物的抗振性能大为改善。故抗振规范明确规定，对有防振要求的土工建筑物必须用振动碾压实。振动碾结构简单，制作方便，成本低廉，生产率高，是压实非黏性土石料的高效压实机械。

(3) 气胎碾

气胎碾有单轴和双轴之分。单轴的主要构造是由装载荷重的金属车箱和装在轴上的 4～6 个气胎组成。碾压时在金属车厢内加载，并同时将气胎充气至设计压力。为防止气胎损坏，停工时用千斤顶将金属箱支托起来，并把胎内的气放掉。

气胎碾在碾压土料时，气胎随土体的变形而变形。随着土体压实密度的增加，气胎的变形也相应增加，始终能保持较为均匀的压实效果。它与刚性碾比较，气胎不仅对土体的接触压力分布均匀而且作用时间长，压实效果好，压实土料厚度大，生产效率高。

气胎碾可根据压实土料的特性调整其内压力，使气胎对土体的压力始终保持在土料的极限强度内。通常气胎的内压力，对黏性土以 $(5～6) \times 10^5$ Pa、非黏性土以 $(2～4) \times 10^5$ Pa 最好。平碾碾滚是刚性的，不能适应土体的变形，荷载过大就会使碾滚的接触应力超过土体的极限强度，这就限制了这类碾朝重型方向发展。气胎碾却不然，随着荷载的增加，气胎与土体的接触面增大，接触应力仍不致超过土体的极限强度。所以只要牵引力能满足要求，就不妨碍气胎碾朝重型高效方向发展。早在 20 世纪 60 年代，美国就生产了重 200t 的超重型气胎碾。由于气胎碾既适宜于压实黏性土料，又适宜于压实非黏性土料，能做到一机多用，有利于防渗土料与坝壳土料平起同时上升，用途广泛，很有发展前途。

(4) 夯实机具

水利工程中常用的夯实机具有木夯、石碱、蛤蟆夯（即蛙式打夯机）等。夯实机具夯实土层时，冲击加压的作用时间短，单位压力大，但不如碾压机械压实均匀，一般用于狭窄的施工场地或碾压机具难以施工的部位。

夯板可以吊装在去掉土斗的挖掘机的臂杆上，借助卷扬机操纵绳索系统使夯板上升。夯击土料时将索具放松，使夯板自由下落，夯实土料，其压实铺土厚度可达 1m，生产效率较高。对于大颗粒填料可用夯板夯实，其破碎率比用碾压机械压实大得多。为了提高夯实效果，适应夯实土料特性，在夯击黏性土料或略受冰冻的土料时，还可将夯板装上羊脚，即成羊脚夯。

夯板的尺寸与铺土厚度 h 密切相关。在夯击作用下，土层沿垂直方向应力的分布随夯板短边 b 的尺寸而变化。当 $b=h$ 时，底层应力与表层应力之比为 0.965；当 $b=0.5h$ 时，底层应力与表层应力比为 0.473。若夯板尺寸不变，表层和底层的应力差值随铺土厚度增加而增加。差值越大，压实后的土层竖向密度越不均匀。故选择夯板尺寸时，尽可能使夯板的短边尺寸接近或略大于铺土厚度。夯板工作时，机身在压实地段中部后退移动，随夯板臂杆的回转，土料被夯实的夯迹呈扇形。为避免漏夯，夯迹与夯迹之间要套夯，其重叠宽度为 10~15cm，夯迹排与排之间也要搭接相同的宽度。为充分发挥夯板的工作效率，避免前后排套压过多，夯板的工作转角以不大于 80°~90°为宜。

选择压实机具时，主要依据土石料性质（黏性或非黏性、颗粒级配、含水量等）、压实指标、工程量、施工强度、工作面大小以及施工强度等。在不超过土石料极限强度的条件下，宜选用较重型的压实机具，以获得较高的生产率和较好的压实效果。

(二) 堤身填筑与砌筑

1. 填筑作业要求

①地面起伏不平时按水平分层由低处开始逐层填筑，不得顺坡铺填。堤防横断面上的地面坡度陡于 1:5 时，应将地面坡度削至缓于 1:5。

②分段作业面的最小长度不应小于 100m，人工施工时作业面段长可适当减短。相邻施工段作业面宜均衡上升，若段与段之间不可避免出现高差时，应以斜坡面相接。分段填筑应设立标志，上下层的分段接缝位置应错开。

③在软土堤基上筑堤或采用较高含水量土料填筑堤身时，应严格控制施工速度，必要时在堤基、坡面设置沉降和位移观测点进行控制。如堤身两侧设计有压载平台时，堤身与压载平台应按设计断面同步分层填筑。

④采用光面碾压实黏性土时，在新层铺料前应对压光层面做创毛处理；在

填筑层检验合格后因故未及时碾压或经过雨淋、暴晒使表面出现疏松层时，复工前应采取复压等措施进行处理。

⑤施工中若发现局部"弹簧土"、层间光面、层间中空、松土层或剪切破坏等现象时应及时处理，并经检验合格后方准铺填新土。

⑥施工中应协调好观测设备安装埋设和测量工作的实施；已埋设的观测设备和测量标志应保护完好。

⑦对占压堤身断面的上堤临时坡道做补缺口处理时，应将已板结的老土刨松，并与新铺土一起按填筑要求分层压实。

⑧堤身全断面填筑完成后，应做整坡压实及削坡处理，并对堤身两侧护堤地面的坑洼进行铺填和整平。

⑨对老堤进行加高培厚处理时，必须清除结合部位的各种杂物，并将老堤坡挖成台阶状，再分层填筑。

⑩黏性土填筑面在下雨时不宜行走践踏，不允许车辆通行。雨后恢复施工，填筑面应经晾晒、复压处理，必要时应对表层再次进行清理。

⑪土堤不宜在负温下施工。如施工现场具备可靠保温措施，允许在气温不低于－10℃的情况下施工。施工时应取正温土料，土料压实时的气温必须在－1℃以上，装土、铺土、碾压、取样等工序快速连续作业。要求黏性土含水量不得大于塑限的90%，砂料含水量不得大于4%，铺土厚度应比常规要求适当减薄，或采用重型机械碾压。

2. 铺料作业要求

①按设计要求将土料铺至规定部位，严禁将砂（砾）料或其他透水料与黏性土料混杂，上堤土料中的杂质应予以清除；如设计无特别规定，铺筑应平行堤轴线顺次进行。

②土料或砾质土可采用进占法或后退法卸料；砂砾料宜用后退法卸料；砂砾料或砾质土卸料如发生颗粒分离现象时，应采取措施将其拌和均匀。

③铺料厚度和土块直径的限制尺寸，宜通过碾压试验确定；在缺乏试验资料时，可参照表3－10的规定取值。

表3－10　　　　　铺料厚度和土块直径限制尺寸表

压实功能类型	压实机具种类	铺料厚度（cm）	土块限制直径（cm）
轻型	人工夯、机械夯	15～20	≤5
	5～10t平碾	20－25	≤8

续表

压实功能类型	压实机具种类	铺料厚度（cm）	土块限制直径（cm）
中型	12～15t 平碾 斗容 2.5m³ 铲运机 5～8t 振动碾	25～30	≤10
重型	斗容大于 7m³ 铲运机 10～16t 振动碾 加载气胎碾	30～50	≤15

④铺料至堤边时，应比设计边线超填出一定余量：人工铺料宜为 10cm，机械铺料宜为 30cm。

3. 压实作业要求

施工前应先做现场碾压试验，验证碾压质量能否达到设计压实度值。若已有相似施工条件的碾压经验时，也可参考使用。

①碾压施工应符合下列规定：碾压机械行走方向应平行于堤轴线；分段、分片碾压时，相邻作业面的碾压搭接宽度：平行堤轴线方向的宽度不应小于 0.5m；垂直堤轴线方向的宽度不应小于 2m；拖拉机带碾或振动碾压实作业时，宜采用进退错距法，碾迹搭压宽度应大于 10cm；铲运机兼作压实机械时，宜采用轨迹排压法，轨迹应搭压轮宽的 1/3；机械碾压应控制行车速度，以不超过下列规定为宜：平碾为 2km/h，振动碾为 2km/h，铲运机为 2 挡。

②机械碾压不到的部位，应辅以夯具夯实，夯实时应采用连环套打法，夯迹双向套压，夯压夯 1/3，行压行 1/3；分段、分片夯实时，夯迹搭压宽度应不小于 1/3 夯径。

③砂砾料压实时，洒水量宜为填筑方量的 20%～40%；中细砂压实的洒水量，宜按最优含水量控制；压实作业宜用履带式拖拉机带平碾、振动碾或气胎碾施工。

④当已铺土料表面在压实前被晒干时，应采用铲除或洒水湿润等方法进行处理；雨前应将堤面做成中间稍高两侧微倾的状态并及时压实。

⑤在土堤斜坡结合面上铺筑施工时，要控制好结合面土料的含水量，边刨毛、边铺土、边压实。进行垂直堤轴线的堤身接缝碾压时，须跨缝搭接碾压，其搭压宽度不小于 2.0cm。

4. 堤身与建筑物接合部施工

土堤与刚性建筑物如涵闸、堤内埋管、混凝土防渗墙等相接时，施工应符合下列要求：

①建筑物周边回填土方，宜在建筑物强度分别达到设计强度的50%～70%情况下施工。

②填土前，应清除建筑物表面的乳皮、粉尘及油污等；对表面的外露铁件（如模板对销螺栓等）宜割除，必要时对铁件残余露头需用水泥砂浆覆盖保护。

③填筑时，须先将建筑物表面湿润，边涂泥浆、边铺土、边夯实；涂浆高度应与铺土厚度一致，涂层厚宜为3～5mm，并应与下部涂层衔接；不允许泥浆干涸后再铺土和夯实。

④制备泥浆应采用塑性指数$I_P>17$的黏土，泥浆的浓度可用1∶2.5～1∶3.0（土水重量比）。

⑤建筑物两侧填土，应保持均衡上升；贴边填筑宜用夯具夯实，铺土层厚度宜为15～20cm。

5. 土工合成材料填筑要求

工程中常用到土工合成材料，如编织型土工织物、土工网、土工格栅等，施工时按以下要求控制：

①筋材铺放基面应平整，筋材垂直堤轴线方向铺展，长度按设计要求裁制。

②筋材一般不宜有拼接缝。如筋材必须拼接时，应按不同情况区别对待：编织型筋材接头的搭接长度，不宜小于15cm，以细尼龙线双道缝合，并满足抗拉要求；土工网、土工格栅接头的搭接长度，不宜小于5cm（土工格栅至少搭接一个方格），并以细尼龙绳在连接处绑扎牢固。

③铺放筋材不允许有褶皱，并尽量用人工拉紧，以U形钉定位于填筑土面上，填土时不得发生移动。填土前如发现筋材有破损、裂纹等质量问题，应及时修补或做更换处理。

④筋材上面可按规定层厚铺土，但施工机械与筋材间的填土厚度不应小于15cm。

⑤加筋土堤压实，宜用平碾或气胎碾，但在极软地基上筑加筋土堤时，开始填筑的二、三层宜用推土机或装载机铺土压实，当填筑层厚度大于0.6m后，方可按常规方法碾压。

⑥加筋土堤施工时，最初二、三层填筑应遵照以下原则：在极软地基上作业时，宜先由堤脚两侧开始填筑，然后逐渐向堤中心扩展，在平面上呈"凹"字形向前推进；在一般地基上作业时，宜先从堤中心开始填筑，然后逐渐向两侧堤脚对称扩展，在平面上呈"凸"字形向前推进；随后逐层填筑时，可按常规方法进行。

第四章 水利工程进度与质量管理

第一节 水利工程施工进度管理

一、概述

(一) 进度的概念

进度通常是指工程项目实施结果的进展情况，在工程项目实施过程中要消耗时间（工期）、劳动力、材料、成本等才能完成项目的任务。当然，项目实施结果应该以项目任务的完成情况，如工程的数量来表述。但由于工程项目对象系统（技术系统）的复杂性，常常很难选定一个恰当的、统一的指标来全面反映工程的进度。有时时间和费用与计划都吻合，但工程实物进度（工作量）未达到目标，则后期就必须投入更多的时间和费用。

在现代工程项目管理中，人们已赋予进度以综合的含义，它将工程项目任务、工期、成本有机地结合起来，形成一个综合的指标，能全面反映项目的实施状况。进度控制已不只是传统的工期控制，而且还将工期与工程实物、成本、劳动消耗、资源等统一起来。

(二) 进度指标

进度控制的基本对象是工程活动。它包括项目结构图上各个层次的单元，上至整个项目，下至各个工作包（有时直到最低层次网络上的工程活动）。项目进度状况通常是通过各工程活动完成程度（百分比）逐层统计汇总计算得到的。进度指标的确定对进度的表达、计算、控制有很大影响。由于一个工程有不同的子项目、工作包，它们工作内容和性质不同，必须挑选一个共同的、对所有工程活动都适用的计量单位。

1. 持续时间

持续时间（工程活动的或整个项目的）是进度的重要指标。人们常用已经使用的工期与计划工期相比较以描述工程完成程度。例如计划工期2年，现已经进行了1年，则工期已达50%。一个工程活动，计划持续时间为30d，现已经进行了15d，则已完成50%。但通常还不能说工程进度已达50%，因为工期与人们通常概念上的进度是不一致的，工程的效率和速度不是一条直线，如通常工程项目开始时工作效率很低，进度慢。到工程中期投入最大，进度最快。而后期投入又较少，所以工期下来一半，并不能表示进度达到了一半，何况在已进行的工期中还存在各种停工、窝工、干扰作用，实际效率可能远低于计划的效率。

2. 按工程活动的结果状态数量描述

这主要针对专门的领域，其生产对象简单、工程活动简单。例如：对设计工作按资料数量（图纸、规范等）；混凝土工程按体积（墙、基础、柱）；设备安装按吨位；管道、道路按长度；预制件按数量或重量、体积；运输量以吨、千米；土石方以体积或运载量等。特别当项目的任务仅为完成这些分部工程时，以它们作指标比较反映实际。

3. 已完成工程的价值量

已完成工程的价值量即用已经完成的工作量与相应的合同价格（单价），或预算价格计算。它将不同种类的分项工程统一起来，能够较好地反映工程的进度状况，这是常用的进度指标。

4. 资源消耗指标

最常用的有劳动工时、机械台班、成本的消耗等。它们有统一性和较好的可比性，即各个工程活动直到整个项目部可用它们作为指标，这样可以统一分析尺度。但在实际工程中要注意如下地方：

①投入资源数量和进度有时会有背离，会产生误导。例如某活动计划需100工时，现已用了60工时，则进度已达60%。这仅是偶然的，计划劳动效率和实际效率不会完全相等。

②由于实际工作量和计划经常有差别，即计划100工时，由于工程变更，工作难度增加，工作条件变化，应该需要120工时。现完成60工时，实质上仅完成50%，而不是60%，所以只有当计划正确（或反映最新情况），并按预定的效率施工时才得到正确的结果。

③用成本反映工程进度是经常的，但这里有如下因素要剔除：

第一，不正常原因造成的成本损失，如返工、窝工、工程停工。

第二，由于价格原因（如材料涨价、工资提高）造成的成本的增加。

第三，考虑实际工程量，工程（工作）范围的变化造成的影响。

（三）进度控制和工期控制

工期和进度是两个既互相联系，又有区别的概念。

第四章 水利工程进度与质量管理

由于工期计划可以得到各项目单元的计划工期的各个时间参数。它分别表示各层次的项目单元（包括整个项目）的持续、开始和结束时间、允许的变动余地（各种时差）等，它们作为项目的目标之一。

工期控制的目的是使工程实施活动与上述工期计划在时间上吻合，即保证各工程活动按计划及时开工、按时完成，保证总工期不推迟。

进度控制的总目标与工期控制是一致的，但控制过程中它不仅追求时间上的吻合，而且还追求在一定的时间内工作量的完成程度（劳动效率和劳动成果）或消耗的一致性。

①工期常常作为进度的一个指标，它在表示进度计划及其完成情况时有重要作用，所以进度控制首先表现为工期控制，有效的工期控制能达到有效的进度控制，但仅用工期表达进度会产生误导。

②进度的拖延最终会表现为工期拖延。

③进度的调整常常表现为对工期的调整，为加快进度，改变施工次序、增加资源投入，则意味着通过采取措施使总工期提前。

（四）进度控制的过程

①人们应采用各种控制手段保证项目及各个工程活动按计划及时开始，在工程过程中记录各工程活动的开始和结束时间及完成程度。

②人们应在各控制期末（如月末、季末，一个工程阶段结束）将各活动的完成程度与计划对比，确定整个项目的完成程度，并结合工期、生产成果、劳动效率、消耗等指标，评价项目进度状况，分析其中的问题。

③人们应对下期工作作出安排，对一些已开始、但尚未结束的项目单元的剩余时间作估算，提出调整进度的措施，根据已完成状况作新的安排和计划，调整网络（如变更逻辑关系、延长或缩短持续时间、增加新的活动等），重新进行网络分析，预测新的工期状况。

④人们应对调整措施和新计划作出评审，分析调整措施的效果，分析新的工期是否符合目标要求。

二、实际工期和进度的表达

（一）工作包的实际工期和进度的表达

进度控制的对象是各个层次的项目单元，而最低层次的工作包是主要对象，有时进度控制还要细到具体的网络计划中的工程活动。有效的进度控制必须能迅速且正确地在项目参加者（工程小组、分包商、供应商等）的工作岗位上反映如下进度信息：

①项目正式开始后，人们必须监控项目的进度以确保每项活动按计划进

行,掌握各工作包(或工程活动)的实际工期信息,如实际开始时间,记录并报告工期受到的影响及原因,这些必须明确反映在工作包的信息卡(报告)上。

②工作包(或工程活动)所达到的实际状态,即完成程度和已消耗的资源。人们应在项目控制期末(一般为月底)对各工作包的实施状况、完成程度、资源消耗量进行统计。

在这时,如果一个工程活动已完成或未开始,则很好办:已完成的进度为100%,未开始的为0%。但这时必然会有许多工程活动已开始但尚未完成。为了便于比较精确地进行进度控制和成本核算,必须定义它的完成程度。通常有如下几种定义模式:

第一,0~100%,即开始后完成前一直为"0",直到完成才为100%,这是一种比较悲观的反映。

第二,一经开始直到完成前都认为已完成50%,完成后才为100%。

第三,实物工作量或成本消耗、劳动消耗所占的比例,即按已完成的工作量占总计划工作量的比例计算。

第四,按已消耗工期与计划工期(持续时间)的比例计算。这在横道图计划与实际工期对比和网络调整中用到。

第五,按工序(工作步骤)分析定义。这里要分析该工作包的工作内容和步骤,并定义各个步骤的进度份额。例如一基础混凝土工程,它的步骤定义如表4-1所示。

表4-1　　　　　　　某基础混凝土工程步骤

步骤	时间(d)	工时投入	份额(%)	累计进度(%)
放样	0.5	24	3	3
支模	4	216	27	30
钢筋	6	240	30	60
隐蔽工程验收	0.5	0	0	60
混凝土浇捣	4	280	35	95
养护拆模	5	40	5	100
合计	20	800	100	100

各步骤占总进度的份额由进度描述指标的比例来计算,例如可以按工时投入比例,也可以按成本比例。如果到月底隐蔽工程验收刚完,则该分项工程完成60%。而如果混凝土浇捣完成一半,则达77%。

当工作包内容复杂，无法用统一的均衡的指标衡量时，可以用这种方法，这个方法的好处是可以排除工时投入浪费、初期的低效率等造成的影响，可以较好地反映工程进度，例如：上述工程中，支模已经完成，绑扎钢筋工作量仅完成了70%，则如果钢筋全完成为60%，现钢筋仍有30%未完成，则该分项工程的进度为60%－30%（1－70%）＝60%－9%＝51%

这比前面的各种方法精确多了。

工程活动完成程度的定义不仅对进度描述和控制有重要作用，有时它还是业主与承包商之间工程价款结算的重要参数。

③预期该工作包到结束尚需要的时间或结束的日期常常需要考虑剩余工作量、已有的拖延、后期工作效率的提高等因素。

(二) 施工进度计划的控制方法

施工项目进度控制是工程项目进度控制的主要环节，常用的控制方法有横道图控制法、S形曲线控制法、香蕉形曲线比较法等。

1. 横道图控制法

人们常用的、最熟悉的方法是用横道图编制实施性进度计划，指导项目的实施。它简明、形象、直观、编制方法简单、使用方便。

横道图控制法是在项目过程实施中，收集检查实际进度的信息，经整理后直接用横道线表示，并直接与原计划的横道线进行比较。

利用横道控制图检查时，图示清楚明了，可在图中用粗细不同的线条分别表示实际进度与计划进度。在横道图中，完成任务量可以用实物工程量、劳动消耗量和工作量等不同方式表示。

2. S形曲线控制法

S形曲线是一个以横坐标表示时间，纵坐标表示完成工作量的曲线图。工作量的具体内容可以是实物工程量、工时消耗或费用，也可以是相对的百分比。对于大多数工程项目来说，在整个项目实施期内单位时间（以天、周、月、季等为单位）的资源消耗（人、财、物的消耗）通常是中间多而两头少。由于这一特性，资源消耗累加后便形成一条中间陡而两头平缓的形如S的曲线。

像横道图一样，S形曲线也能直观反映工程项目的实际进展情况。项目进度控制工程师事先绘制进度计划的S形曲线。在项目施工过程中，每隔一定时间按项目实际进度情况绘制完工进度的S形曲线，并与原计划的S形曲线进行比较。

3. 香蕉形曲线比较法

香蕉形曲线是由两条以同一开始时间、同一结束时间的S形曲线组合而成的。其中一条 S 形曲线是按最早开始时间安排进度所绘制的 S 形曲线,简称 ES 曲线;而另一条 S 形曲线是按最迟开始时间安排进度所绘制的 S 形曲线,简称 LS 曲线。除了项目的开始和结束点外,ES 曲线在 LS 曲上方,同一时刻两条曲线所对应完成的工作量是不同的。在项目实施过程中,理想的状况是任一时刻的实际进度在两条曲线所包区域内的曲线 R。

香蕉形曲线的绘制步骤如下:

①计算时间参数。在项目的网络计划基础上,确定项目数目 n 和检查次数 m,计算项目工作的时间参数 ES_i,$LS_i(i=1, 2, \cdots, n)$。

②确定在不同时间计划完成工程量。以项目的最早时标网络计划确定工作在各单位时间的计划完成工程量 q_{ij}^{ES},即第 i 项工作按最早开始时间开工,第 j 时段内计划完成的工程量($1 \leqslant i \leqslant n$; $0 \leqslant j \leqslant m$);以项目的最迟时标网络计划确定工作在各单位时间的计划完成工程量 q_{ij}^{LS},即第 i 项工作按最迟开始时间开工,第 j 时段内计划完成的工程量($1 \leqslant i \leqslant n$; $0 \leqslant j \leqslant m$)。

③计算项目总工程量 Q:

$$Q = \sum_{i=1}^{n} \sum_{j=1}^{m} q_{ij}^{ES} \tag{4-1}$$

$$或 Q = \sum_{i=1}^{n} \sum_{j=1}^{m} q_{ij}^{LS} \tag{4-2}$$

④计算到 j 时段末完成的工程量。按最早时标网络计划计算完成的工程量 Q_j^{ES}:

$$Q_j^{ES} = \sum_{i=1} \sum_{j=1} q_{ij}^{ES} (1 \leqslant i \leqslant n; \ 0 \leqslant j \leqslant m) \tag{4-3}$$

按最迟时标网络计划计算完成的工程量为 Q_j^{LS}:

$$Q_j^{LS} = \sum_{i=1} \sum_{j=1} q_{ij}^{LS} (1 \leqslant i \leqslant n; \ 0 \leqslant j \leqslant m) \tag{4-4}$$

⑤计算到 j 时段末完成项目工程量百分比。按最早时标网络计划计算完成工程量的百分比 μ_j^{ES} 为

$$\mu_j^{ES} = \frac{Q_j^{ES}}{Q} \times 100\% \tag{4-5}$$

按最迟时标网络计划计算完成工程量的百分比 μ_j^{LS} 为

$$\mu_j^{LS} = \frac{Q_j^{LS}}{Q} \times 100\% \tag{4-6}$$

⑥绘制香蕉形曲线。以 (μ_j^{ES},j)($j=0, 1, \cdots, m$)绘制 ES 曲线;以 (μ_j^{LS},j)($j=0, 1, \cdots, m$)绘制 LS 曲线,由 ES 曲线和 LS 曲线构成项目的香蕉形曲线。

(三) 进度计划实施中的调整方法

1. 分析偏差对后续工作及工期的影响

当进度计划出现偏差时，需要分析偏差对后续工作产生的影响。分析的方法主要是利用网络计划中工作的总时差和自由时差来判断。工作的总时差（TF）不影响项目工期，但影响后续工作的最早开始时间，是工作拥有的最大机动时间；而工作的自由时差是指在不影响后续工作的最早开始时间的条件下，工作拥有的最大机动时间。利用时差分析进度计划出现的偏差，可以了解进度偏差对进度计划的局部影响（后续工作）和对进度计划的总体影响（工期）。具体分析步骤如下：

①判断进度计划偏差是否在关键线路上。如果出现进度偏差的工作，则 $TF=0$，说明该工作在关键线路上。无论其偏差有多大，都对其后续工作和工期产生影响，必须采取相应的调整措施；如果 $TF \neq 0$，则说明工作在非关键线路上。偏差的大小对后续工作和工期是否产生影响以及影响程度，还需要进一步分析判断。

②判断进度偏差是否大于总时差，如果工作的进度偏差大于工作的总时差，说明偏差必将影响后续工作和总工期。如果偏差小于或等于工作的总时差，说明偏差不会影响项目的总工期。但它是否对后续工作产生影响，还需进一步与自由时差进行比较判断来确定。

③判断进度偏差是否大于自由时差。如果工作进度偏差大于工作的自由时差，说明偏差将对后续工作产生影响，但偏差不会影响项目的总工期；反之，如果偏差小于或等于工作的自由时差，说明偏差不会对后续工作产生影响，原进度计划可不作调整。

采用上述分析方法，进度控制人员可以根据工作的偏差对后续工作的不同影响采取相应的进度调整措施，以指导项目进度计划的实施。

2. 进度计划实施中调整方法

当进度控制人员发现问题后，对实施进度进行调整。为了实现进度计划的控制目标，究竟采取何种调整方法，要在分析的基础上确定。从实现进度计划的控制目标来看，可行的调整方案可能有多种，存在一个方案优选的问题。一般来说，进度调整的方法主要有以下两种。

（1）改变工作之间的逻辑关系

改变工作之间的逻辑关系主要是通过改变关键线路上工作之间的先后顺序、逻辑关系来实现缩短工期的目的。例如，若原进度计划比较保守，各项工作依次实施，即某项工作结束后，另一项工作才开始。通过改变工作之间的逻辑关系，变顺序关系为平行搭接关系，便可达到缩短工期的目的。这样进行调整，由于增加了工作之间的平行搭接时间，进度控制工作就显得更加重要，实施中必须做好协调工作。

(2) 改变工作延续时间

改变工作延续时间主要是对关键线路上的工作进行调整，工作之间的逻辑关系并不发生变化。例如。某一项目的进度拖延后，为了加快进度，可采用压缩关键线路上工作的持续时间，增加相应的资源来达到加快进度的目的。这种调整通常在网络计划图上直接进行，其调整方法与限制条件及对后续工作的影响程度有关，一般可考虑以下三种情况。

①在网络图中，某项工作进度拖延，但拖延的时间在该工作的总时差范围内，自由时差以外。若用 Δ 表示此项工作拖延的时间，即 $FF<\Delta<TF$。

根据前面的分析，这种情况不会对工期产生影响，只对后续工作产生影响。因此，在进行调整前，人们要确定后续工作允许拖延的时间限制，并作为进度调整的限制条件。确定这个限制条件有时很复杂，特别是当后续工作由多个平行的分包单位负责实施时，更是如此。

②在网络图中，某项工作进度的拖延时间大于项目工作的总时差，即 $\Delta>TF$。

这时，该项工作可能在关键线路上（$TF=0$）；也可能在非关键线路上，但拖延的时间超过了总时差（$\Delta>TF$）。调整的方法是，以工期的限制时间作为规定工期，对未实施的网络计划进行工期—费用优化。通过压缩网络图中某些工作的持续时间，使总工期满足规定工期的要求。具体步骤如下：

第一，化简网络图，去掉已经执行的部分，以进度检查时间作为开始节点的起点时间，将实际数据代入化简网络图中。

第二，以简化的网络图和实际数据为基础，计算工作最早开始时间。

第三，以总工期允许拖延的极限时间作为计算工期，计算各工作最迟开始时间，形成调整后的计划。

在网络计划中工作进度超前。在计划阶段所确定的工期目标，往往是综合考虑各方面因素优选的合理工期。正因为如此，网络计划中工作进度的任何变化，无论是拖延还是超前，都可能造成其他目标的失控，如造成费用增加等。例如，在一个施工总进度计划中，由于某项工作的超前，致使资源的使用发生变化。这不仅影响原进度计划的继续执行，也影响各项资源的合理安排。特别是施工项目采用多个分包单位进行平行施工时，因进度安排发生了变化，导致协调工作的复杂化。在这种情况下，对进度超前的项目也需要加以控制。

三、进度拖延的解决措施

(一) 基本策略

对已产生的进度拖延可以有如下的基本策略:

①采取积极的措施赶工,以弥补或部分地弥补已经产生的拖延。主要通过调整后期计划,采取措施赶工,修改网络等方法解决进度拖延问题。

②不采取特别的措施,在目前进度状态的基础上,仍按照原计划安排后期工作。但通常情况下,拖延的影响会越来越大。有时刚开始仅一两周的拖延,到最后会导致一年拖延的结果。这是一种消极的办法,最终结果必然损害工期目标和经济效益,如被工期罚款,由于不能及时投产而不能实现预期收益。

(二) 可以采取的赶工措施

与在计划阶段压缩工期一样,解决进度拖延有许多方法,但每种方法都有它的适用条件、限制、必然会带来一些负面影响。在人们以往的讨论以及实际工作中,都将重点集中在时间问题上,这是不对的。许多措施常常没有效果,或引起其他更严重的问题,最典型的是增加成本开支、现场的混乱和引起质量问题。所以,应该将它作为一个新的计划过程来处理。

在实际工程中经常采用如下赶工措施:

①增加资源投入,例如增加劳动力、材料、周转材料和设备的投入量,这是最常用的办法。

②重新分配资源,例如将服务部门的人员投入到生产中去,投入风险准备资源,采用加班或多班制工作。

③减少工作范围,包括减少工作量或删去一些工作包(或分项工程)。

④改善工具器具以提高劳动效率。

⑤提高劳动生产率,主要通过辅助措施和合理的工作过程,这里需要注意:

第一,加强培训,通常培训应尽可能地提前;

第二,注意工人级别与工人技能的协调;

第三,工作中的激励机制,例如奖金、小组精神发扬、个人负责制、目标明确;

第四,改善工作环境及项目的公用设施(需要花费);

第五,项目小组时间上和空间上合理的组合和搭接;

第六,避免项目组织中的矛盾,多沟通。

⑥将部分任务转移,如分包、委托给另外的单位,将原计划由自己生产的结构构件改为外购等。当然,这不仅有风险,产生新的费用,而且需要增加控

制和协调工作。

⑦改变网络计划中工程活动的逻辑关系,如将前后顺序工作改为平行工作,或采用流水施工的方法。

⑧将一些工作包合并,特别是在关键线路上按先后顺序实施的工作包合并,与实施者一道研究,通过局部的调整实施过程和人力、物力的分配,达到缩短工期。

通常,A_1、A_2两项工作如果由两个单位分包按次序施工,则持续时间较长。而如果将它们合并为A,由一个单位来完成,则持续时间就大大地缩短。这是由于:

第一,两个单位分别负责,则它们都经过前期准备低效率,正常施工,后期低效率过程,则总的平均效率很低。

第二,由于由两个单位分别负责,中间有一个对A_1工作的检查、打扫和场地交接和对A_2工作准备的过程,会使工期延长,这由分包合同或工作任务单所决定的。

第三,如果合并由一个单位完成,则平均效率会较高,而且许多工作能够穿插进行。

第四,采用"设计—施工"总承包,或项目管理总承包,比分阶段、分专业平行包工期会大大缩短。

第五,修改实施方案,例如将现浇混凝土改为场外预制、现场安装,这样可以提高施工速度。

第二节 水利工程施工质量控制

一、工程质量管理的基本概念

水利水电工程项目的施工阶段是根据设计图纸和设计文件的要求,通过工程参建各方及其技术人员的劳动形成工程实体的阶段。这个阶段的质量控制无疑是极其重要的,其中心任务是通过建立健全有效的工程质量监督体系,确保工程质量达到合同规定的标准和等级要求。为此,在水利水电工程项目建设中,建立了质量管理的三个体系,即施工单位的质量保证体系、建设(监理)单位的质量检查体系和政府部门的质量监督体系。

(一) 工程项目质量和质量控制的概念

1. 工程项目质量

质量是反映实体满足明确或隐含需要能力的特性之总和。工程项目质量是国家现行的有关法律、法规、技术标准、设计文件及工程承包合同对工程的安全、适用、经济、美观等特征的综合要求。

从功能和使用价值来看,工程项目质量体现在适用性、可靠性、经济性、外观质量与环境协调等方面。由于工程项目是依据项目法人的需求而兴建的,故各工程项目的功能和使用价值的质量应满足于不同项目法人的需求,并无一个统一的标准。

从工程项目质量的形成过程来看,工程项目质量包括工程建设各个阶段的质量,即可行性研究质量、工程决策质量、工程设计质量、工程施工质量、工程竣工验收质量。

工程项目质量具有两个方面的含义:一是指工程产品的特征性能,即工程产品质量;二是指参与工程建设各方面的工作水平、组织管理等,即工作质量。工作质量包括社会工作质量和生产过程工作质量。社会工作质量主要是指社会调查、市场预测、维修服务等。生产过程工作质量主要包括管理工作质量、技术工作质量、后勤工作质量等,最终将反映在工序质量上,而工序质量的好坏,直接受人、原材料、机具设备、工艺及环境等五方面因素的影响。因此,工程项目质量的好坏是各环节、各方面工作质量的综合反映,而不是单纯靠质量检验查出来的。

2. 工程项目质量控制

质量控制是指为达到质量要求所采取的作业技术和活动,工程项目质量控制,实际上就是对工程在可行性研究、勘测设计、施工准备、建设实施、后期运行等各阶段、各环节、各因素的全过程、全方位的质量监督控制。工程项目质量有个产生、形成和实现的过程,控制这个过程中的各环节,以满足工程合同、设计文件、技术规范规定的质量标准。在中国的工程项目建设中,工程项目质量控制按其实施者的不同,包括如下三个方面。

(1) 项目法人的质量控制

项目法人方面的质量控制,主要是委托监理单位依据国家的法律、规范、标准和工程建设的合同文件,对工程建设进行监督和管理。其特点是外部的、横向的、不间断地控制。

(2) 政府方面的质量控制

政府方面的质量控制是通过政府的质量监督机构来实现的,其目的在于维护社会公共利益,保证技术性法规和标准的贯彻执行。其特点是外部的、纵向的、定期或不定期地抽查。

(3) 承包人方面的质量控制

承包人主要是通过建立健全质量保证体系，加强工序质量管理，严格实行"三检制"（即初检、复检、终检），避免返工，提高生产效率等方式来进行质量控制。其特点是内部的、自身的、连续的控制。

(二) 工程项目质量控制的原则

在工程项目建设过程中，对其质量进行控制应遵循以下几项原则。

1. 质量第一原则

"百年大计，质量第一"，工程建设与国民经济的发展和人民生活的改善息息相关。质量的好坏，直接关系到国家繁荣富强，关系到人民生命财产的安全，关系到子孙幸福，所以必须树立强烈的"质量第一"的思想。

人们要确立质量第一的原则，就必须弄清并且摆正质量和数量、质量和进度之间的关系。不符合质量要求的工程，数量和进度都将失去意义，也没有任何使用价值，而且数量越多，进度越快，国家和人民遭受的损失也将越大。因此，好中求多，好中求快，好中求省，才是符合质量管理所要求的质量水平。

2. 预防为主原则

对于工程项目的质量，人们长期以来采取事后检验的方法，认为严格检查，就能保证质量，实际上这是远远不够的。应该从消极防守的事后检验变为积极预防的事先管理。因为好的建筑产品是好的设计、好的施工所产生的，不是检查出来的。人们必须在项目管理的全过程中，事先采取各种措施，消灭种种不符合质量要求的因素，以保证建筑产品质量。如果各质量因素（人、机、料、法、环）预先得到保证，工程项目的质量就有了可靠的前提条件。

3. 为用户服务原则

建设工程项目，是为了满足用户的要求，尤其要满足用户对质量的要求。真正好的质量是用户完全满意的质量。进行质量控制，就是要把为用户服务的原则，作为工程项目管理的出发点，贯穿到各项工作中去。同时，要在项目内部树立"下道工序就是用户"的思想。各个部门、各种工作、各种人员都有个前、后的工作顺序，在自己这道工序的工作一定要保证质量，凡达不到质量要求不能交给下道工序，一定要使"下道工序"这个用户感到满意。

4. 用数据说话原则

质量控制必须建立在有效的数据基础之上，必须依靠能够确切反映客观实际的数字和资料，否则就谈不上科学的管理。一切用数据说话，就需要用数理统计方法，对工程实体或工作对象进行科学的分析和整理，从而研究工程质量的波动情况，寻求影响工程质量的主次原因，采取改进质量的有效措施，掌握保证和提高工程质量的客观规律。

在评定工程质量时，尽管人们按照规范标准进行检测计量，但所获得的数据往往不完整且缺乏系统性，未能按照数理统计的方法进行数据积累和抽样选点。这导致数据难以汇总分析，有时不得不依赖于统计和估计，无法准确把握质量问题。这种做法既不能完全反映工程的内在质量状态，也不能有针对性地进行质量教育和提升企业素质。因此，必须培养"用数据说话"的意识，从积累的大量数据中分析出影响质量的关键因素，以确保工程项目的优质建设。

（三）工程项目质量控制的任务

工程项目质量控制的任务就是根据国家现行的有关法规、技术标准和工程合同规定的工程建设各阶段质量目标实施全过程的监督管理。由于工程建设各阶段的质量目标不同，因此需要分别确定各阶段的质量控制对象和任务。

1. 工程项目决策阶段质量控制的任务

①审核可行性研究报告是否符合国民经济发展的长远规划、国家经济建设的方针政策。

②审核可行性研究报告是否符合工程项目建议书或业主的要求。

③审核可行性研究报告是否具有可靠的基础资料和数据。

④审核可行性研究报告是否符合技术经济方面的规范标准和定额等指标。

⑤审核可行性研究报告的内容、深度和计算指标是否达到标准要求。

2. 工程项目设计阶段质量控制的任务

①审查设计基础资料的正确性和完整性。

②编制设计招标文件，组织设计方案竞赛。

③审查设计方案的先进性和合理性，确定最佳设计方案。

④督促设计单位完善质量保证体系，建立内部专业交底及专业会签制度。

⑤进行设计质量跟踪检查，控制设计图纸的质量。在初步设计和技术设计阶段，主要检查生产工艺及设备的选型，总平面布置，建筑与设施的布置，采用的设计标准和主要技术参数；在施工图设计阶段，主要检查计算是否有错误，选用的材料和做法是否合理，标注的各部分设计标高和尺寸是否有错误，各专业设计之间是否有矛盾等。

3. 工程项目施工阶段质量控制的任务

施工阶段质量控制是工程项目全过程质量控制的关键环节。根据工程质量形成的时间，施工阶段的质量控制又可分为质量的事前控制、事中控制和事后控制，其中事前控制为重点控制。

（1）事前控制

①审查承包商及分包商的技术资质。

②协助承建商完善质量体系，包括完善计量及质量检测技术和手段等，同时对承包商的实验室资质进行考核。

③督促承包商完善现场质量管理制度，包括现场会议制度、现场质量检验制度、质量统计报表制度和质量事故报告及处理制度等。

④与当地质量监督站联系，争取其配合、支持和帮助。

⑤组织设计交底和图纸会审，对某些工程部位应下达质量要求标准。

⑥审查承包商提交的施工组织设计，保证工程质量具有可靠的技术措施。审核工程中采用的新材料、新结构、新工艺、新技术的技术鉴定书；对工程质量有重大影响的施工机械、设备，应审核其技术性能报告。

⑦对工程所需原材料、构配件的质量进行检查与控制。

⑧对永久性生产设备或装置，应按审批同意的设计图纸组织采购或订货，到场后进行检查验收。

⑨对施工场地进行检查验收。检查施工场地的测量标桩、建筑物的定位放线以及高程水准点，重要工程还应复核，落实现场障碍物的清理、拆除等。

⑩把好开工关。对现场各项准备工作检查合格后，方可发开工令；停工的工程，未发复工令者不得复工。

(2) 事中控制

①督促承包商完善工序控制措施。工程质量是在工序中产生的，工序控制对工程质量起着决定性的作用。应把影响工序质量的因素都纳入控制状态中，建立质量管理点，及时检查和审核承包商提交的质量统计分析资料和质量控制图表。

②严格工序交接检查。主要工作作业包括隐蔽作业须按有关验收规定经检查验收后，方可进行下一工序的施工。

③重要的工程部位或专业工程（如混凝土工程）要做试验或技术复核。

④审查质量事故处理方案，并对处理效果进行检查。

⑤对完成的分项分部工程，按相应的质量评定标准和办法进行检查验收。

⑥审核设计变更和图纸修改。

⑦按合同行使质量监督权和质量否决权。

⑧组织定期或不定期的质量现场会议，及时分析、通报工程质量状况。

(3) 事后控制

①审核承包商提供的质量检验报告及有关技术性文件。

②审核承包商提交的竣工图。

③组织联动试车。

④按规定的质量评定标准和办法，进行检查验收。

⑤组织项目竣工总验收。
⑥整理有关工程项目质量的技术文件,并编目、建档。

4. 工程项目保修阶段质量控制的任务

①审核承包商的工程保修书。
②检查、鉴定工程质量状况和工程使用情况。
③对出现的质量缺陷,确定责任者。
④督促承包商修复缺陷。
⑤在保修期结束后,检查工程保修状况,移交保修资料。

二、质量体系建立与运行

(一) 施工阶段的质量控制

1. 质量控制的依据

施工阶段的质量管理及质量控制的依据,大体上可分为两类,即共同性依据及专门技术法规性依据。

共同性依据是指那些适用于工程项目施工阶段与质量控制有关的,具有普遍指导意义和必须遵守的基本文件。主要有工程承包合同文件,设计文件,国家和行业现行的有关质量管理方面的法律、法规文件。

工程承包合同中分别规定了参与施工建设的各方在质量控制方面的权利和义务,并据此对工程质量进行监督和控制。

有关质量检验与控制的专门技术法规性依据是指针对不同行业、不同的质量控制对象而制定的技术法规性的文件,主要包括:

①已批准的施工组织设计。它是承包单位进行施工准备和指导现场施工的规划性、指导性文件,详细规定了工程施工的现场布置,人员设备的配置,作业要求,施工工序和工艺,技术保证措施,质量检查方法和技术标准等,是进行质量控制的重要依据。

②合同中引用的国家和行业的现行施工操作技术规范、施工工艺规程及验收规范。它是维护正常施工的准则,与工程质量密切相关,必须严格遵守执行。

③合同中引用的有关原材料、半成品、配件方面的质量依据。如水泥、钢材、骨料等有关产品技术标准;水泥、骨料、钢材等有关检验、取样、方法的技术标准;有关材料验收、包装、标志的技术标准。

④制造厂提供的设备安装说明书和有关技术标准。这是施工安装承包人进行设备安装必须遵循的重要技术文件,也是进行检查和控制质量的依据。

2. 质量控制的方法

施工过程中的质量控制方法主要有旁站检查、测量、试验等。

(1) 旁站检查

旁站是指有关管理人员对重要工序（质量控制点）的施工所进行的现场监督和检查，以避免质量事故的发生。旁站也是驻地监理人员的一种主要现场检查形式。根据工程施工难度及复杂性，可采用全过程旁站、部分时间旁站两种方式。对容易产生缺陷的部位，或产生了缺陷难以补救的部位，以及隐蔽工程，应加强旁站检查。

在旁站检查中，必须检查承包人在施工中所用的设备、材料及混合料是否符合已批准的文件要求，检查施工方案、施工工艺是否符合相应的技术规范。

(2) 测量

测量是对建筑物的尺寸控制的重要手段。应对施工放样及高程控制进行核查，不合格者不准开工。对模板工程、已完工程的几何尺寸、高程、宽度、厚度、坡度等质量指标，按规定要求进行测量验收，不符合规定要求的需进行返工。测量记录，均要事先经工程师审核签字后方可使用。

(3) 试验

试验是工程师确定各种材料和建筑物内在质量是否合格的重要方法。所有工程使用的材料，都必须事先经过材料试验，质量必须满足产品标准，并经工程师检查批准后，方可使用。材料试验包括水源、粗骨料、沥青、土工织物等各种原材料，不同等级混凝土的配合比试验，外购材料及成品质量证明和必要的试验鉴定，仪器设备的校调试验，加工后的成品强度及耐用性检验，工程检查等。没有试验数据的工程不予验收。

3. 工序质量监控

(1) 工序质量监控的内容

工序质量控制主要包括对工序活动条件的监控和对工序活动效果的监控。

①工序活动条件的监控。所谓工序活动条件监控，就是指对影响工程生产因素进行的控制。工序活动条件的控制是工序质量控制的手段。尽管在开工前对生产活动条件已进行了初步控制，但在工序活动中有的条件还会发生变化，使其基本性能达不到检验指标，这正是生产过程产生质量不稳定的重要原因。因此，只有对工序活动条件进行控制，才能达到对工程或产品的质量性能特性指标的控制。工序活动条件包括的因素较多，要通过分析，分清影响工序质量的主要因素，抓住主要矛盾，逐渐予以调节，以达到质量控制的目的。

②工序活动效果的监控。工序活动效果的监控主要反映在对工序产品质量性能的特征指标的控制上。通过对工序活动的产品采取一定的检测手段进行检验，根据检验结果分析、判断该工序活动的质量效果，从而实现对工序质量的控制，其步骤如下：首先是工序活动前的控制，主要要求人、材料、机械、方

法或工艺、环境能满足要求；然后采用必要的手段和工具，对抽出的工序子样进行质量检验；应用质量统计分析工具（如直方图、控制图、排列图等）对检验所得的数据进行分析，找出这些质量数据所遵循的规律。根据质量数据分布规律的结果，判断质量是否正常；若出现异常情况，寻找原因，找出影响工序质量的因素，尤其是那些主要因素，采取对策和措施进行调整；再重复前面的步骤，检查调整效果，直到满足要求，这样便可达到控制工序质量的目的。

（2）工序质量监控实施要点

对工序活动质量监控，首先应确定质量控制计划，它是以完善的质量监控体系和质量检查制度为基础。一方面，工序质量控制计划要明确规定质量监控的工作程序、流程和质量检查制度；另一方面，需进行工序分析，在影响工序质量的因素中，找出对工序质量产生影响的重要因素，进行主动的、预防性的重点控制。例如，在振捣混凝土这一工序中，振捣的插点和振捣时间是影响质量的主要因素，为此，应加强现场监督并要求施工单位严格予以控制。

同时，在整个施工活动中，应采取连续的动态跟踪控制，通过对工序产品的抽样检验，判定其产品质量波动状态，若工序活动处于异常状态，则应查出影响质量的原因，采取措施排除系统性因素的干扰，使工序活动恢复到正常状态，从而保证工序活动及其产品质量。此外，为确保工程质量，应在工序活动过程中设置质量控制点，进行预控。

（3）质量控制点的设置

质量控制点的设置是进行工序质量预防控制的有效措施。质量控制点是指为保证工程质量而必须控制的重点工序、关键部位、薄弱环节。应在施工前，全面、合理地选择质量控制点，并对设置质量控制点的情况及拟采取的控制措施进行审核。必要时，应对质量控制实施过程进行跟踪检查或旁站监督，以确保质量控制点的施工质量。

设置质量控制点的对象，主要有以下几方面：

①关键的分项工程。如大体积混凝土工程，土石坝工程的坝体填筑，隧洞开挖工程等。

②关键的工程部位。如混凝土面板堆石坝面板趾板及周边缝的接缝，土基上水闸的地基基础，预制框架结构的梁板节点，关键设备的设备基础等。

③薄弱环节。指经常发生或容易发生质量问题的环节，或承包人无法把握的环节，或采用新工艺（材料）施工的环节等。

④关键工序。如钢筋混凝土工程的混凝土振捣，灌注桩钻孔，隧洞开挖的钻孔布置、方向、深度、用药量和填塞等。

⑤关键工序的关键质量特性。如混凝土的强度、耐久性，土石坝的干容

重、黏性土的含水率等。

⑥关键质量特性的关键因素。如冬季混凝土强度的关键因素是环境（养护温度），支模的关键因素是支撑方法，泵送混凝土输送质量的关键因素是机械，墙体垂直度的关键因素是人等。

控制点的设置应准确有效，因此究竟选择哪些作为控制点，需要由有经验的质量控制人员进行选择。一般可根据工程性质和特点来确定，表4－2列举出某些分部分项工程的质量控制点，可供参考。

表4－2　　　　　　　　　　质量控制点的设置

分部分项工程		质量控制点
建筑物定位		标准轴线桩、定位轴线、标高
地基开挖及清理		开挖部位的位置、轮廓尺寸、标高；岩石地基钻爆过程中的钻孔、装药量、起爆方式；开挖清理后的建基面；断层、破碎带、软弱夹层、岩溶的处理；渗水的处理
基础处理	基础灌浆帷幕灌浆	造孔工艺、孔位、孔斜；岩芯获得率；洗孔及压水情况；灌浆情况；灌浆压力、结束标准、封孔
	基础排水	造孔、洗孔工艺；孔口、孔口设施的安装工艺
	锚桩孔	造孔工艺锚桩材料质量、规格、焊接；孔内回填
混凝土生产	砂石料生产	毛料开采、筛分、运输、堆存；砂石料质量（杂质含量、细度模数、超逊径、级配）、含水率、骨料降温措施
	混凝土拌和	原材料的品种、配合比、称量精度；混凝土拌和时间、温度均匀性；拌和物的坍落度；温控措施（骨料冷却、加冰、加冰水）、外加剂比例
混凝土浇筑	建基面清理	岩基面清理（冲洗、积水处理）
	模板、预埋件	位置、尺寸、标高、平整性、稳定性、刚度、内部清理；预埋件型号、规格、埋设位置、安装稳定性、保护措施
	钢筋	钢筋品种、规格、尺寸、搭接长度、钢筋焊接、根数、位置
	浇筑	浇筑层厚度、平仓、振捣、浇筑间歇时间、积水和泌水情况、埋设件保护、混凝土养护、混凝土表面平整度、麻面、蜂窝、露筋、裂缝、混凝土密实性、强度

续表

分部分项工程		质量控制点
土石料填筑	土石料	土料的黏粒含量、含水率、砾质土的粗粒含量、最大粒径、石料的粒径、级配、坚硬度、抗冻性
	土料填筑	防渗体与岩石面或混凝土面的结合处理、防渗体与砾质土、黏土地基的结合处理、填筑体的位置、轮廓尺寸、铺土厚度、铺填边线、土层接面处理、土料碾压、压实干密度
	石料砌筑	砌筑体位置、轮廓尺寸、石块重量、尺寸、表面顺直度、砌筑工艺、砌体密实度、砂浆配比、强度
	砌石护坡	石块尺寸、强度、抗冻性、砌石厚度、砌筑方法、砌石孔隙率、垫层级配、厚度、空隙率

（4）见证点、停止点的概念

在工程项目实施控制中，通常是由承包人在分项工程施工前制定施工计划时，就选定设置控制点，并在相应的质量计划中进一步明确哪些是见证点，哪些是停止点。所谓见证点和停止点是国际上对于重要程度不同及监督控制要求不同的质量控制对象的一种区分方式。见证点监督也称为 W 点监督。凡是被列为见证点的质量控制对象，在规定的控制点施工前，施工单位应提前 24h 通知监理人员在约定的时间内到现场进行见证并实施监督。如监理人员未按约定到场，施工单位有权对该点进行相应的操作和施工。停止点也称为待检查点或 H 点，它的重要性高于见证点，是针对那些由于施工过程或工序施工质量不易或不能通过其后的检验和试验而充分得到论证的"特殊过程"或"特殊工序"而言的。凡被列入停止点的控制点，要求必须在该控制点来临之前 24h 通知监理人员到场实验监控，如监理人员未能在约定时间内到达现场，施工单位应停止该控制点的施工，并按合同规定等待监理方，未经认可不能超过该点继续施工，如水闸闸墩混凝土结构在钢筋架立后，混凝土浇筑之前，可设置停止点。

在施工过程中，应加强旁站和现场巡查的监督检查；严格实施隐蔽式工程工序间交接检查验收、工程施工预检等检查监督；严格执行对成品保护的质量检查。只有这样才能及早发现问题，及时纠正，防患于未然，确保工程质量，避免导致工程质量事故。

为了对施工期间的各分部、分项工程的各工序质量实施严密、细致和有效的监督、控制，应认真地填写跟踪档案，即施工和安装记录。

4. 施工合同条件下的工程质量控制

工程施工是使业主及工程设计意图最终实现并形成工程实体的阶段，也是最终形成工程产品质量和工程项目使用价值的重要阶段。由此可见，施工阶段的质量控制不但是工程师的核心工作内容，也是工程项目质量控制的重点。

(1) 质量检查（验）的职责和权力

施工质量检查（验）是建设各方质量控制必不可少的一项工作，它可以起到监督、控制质量，及时纠正错误，避免事故扩大，消除隐患等作用。

①承包商质量检查（验）的职责：

第一，保证工程施工质量是承包商的基本义务，承包商应按 ISO 9000 系列标准建立和健全所承包工程的质量保障计划，在组织上和制度上落实质量管理工作，以确保工程质量。

第二，根据合同规定和工程师的指示，承包商应对工程使用的材料和工程设备以及工程的所有部位及其施工工艺进行全过程的质量自检，并做质量检查（验）记录，定期向工程师提交工程质量报告。同时，承包商应建立一套全部工程的质量记录和报表，以便于工程师复核检验和日后发现质量问题时查找原因。当合同发生争议时，质量记录和报表还是重要的当时记录。

自检是检验的一种形式，它是由承包商自己来进行的。在合同环境下，承包商的自检包括：班组的"初检"；施工队的"复检"；公司的"终检"。自检的目的不仅在于判定被检验实体的质量特性是否符合合同要求，更为重要的是用于对过程的控制。因此，承包商的自检是质量检查（验）的基础，是控制质量的关键。为此，工程师有权拒绝对那些"三检"资料不完善或无"三检"资料的过程（工序）进行检验。

②工程师的质量检查（验）权力。按照中国有关法律、法规的规定：工程师在不妨碍承包商正常作业的情况下，可以随时对作业质量进行检查（验）。这表明工程师有权对全部工程的所有部位及其任何一项工艺、材料和工程设备进行检查和检验，并具有质量否决权。具体内容包括：

第一，复核材料和工程设备的质量及承包商提交的检查结果。

第二，对建筑物开工前的定位定线进行复核签证，未经工程师签认不得开工。

第三，对隐蔽工程和工程的隐蔽部位进行覆盖前的检查（验），上道工序质量不合格的不得进入下一工序施工。

第四，对正在施工中的工程在现场进行质量跟踪检查（验），发现问题及时纠正等。

这里需要指出，承包商要求工程师进行检查（验）的意向，以及工程师要进行检查（验）的意向均应提前24h通知对方。

(2) 材料、工程设备的检查和检验

《水利水电土建工程施工合同条件》通用条款及技术条款规定，材料和工程设备的采购分两种情况：承包商负责采购的材料和工程设备。业主负责采购的工程设备，承包商负责采购的材料。

对材料和工程设备进行检查和检验时应区别对待以上两种情况。

①材料和工程设备的检验和交货验收。对承包商采购的材料和工程设备，其产品质量承包商应对业主负责。材料和工程设备的检验和交货验收由承包商负责实施，并承担所需费用，具体做法：承包商会同工程师进行检验和交货验收，查验材质证明和产品合格证书。此外，承包商还应按合同规定进行材料的抽样检验和工程设备的检验测试，并将检验结果提交给工程师。工程师参加交货验收不能减轻或免除承包商在检验和验收中应负的责任。

对业主采购的工程设备，为了简化验交手续和重复装运，业主应将其采购的工程设备由生产厂家直接移交给承包商。为此，业主和承包商在合同规定的交货地点（如生产厂家、工地或其他合适的地方）共同进行交货验收，由业主正式移交给承包商。在交货验收过程中，业主采购的工程设备检验及测试由承包商负责，业主不必再配备检验及测试用的设备和人员，但承包商必须将其检验结果提交工程师，并由工程师复核签认检验结果。

②工程师检查或检验。工程师和承包商应商定对工程所用的材料和工程设备进行检查和检验的具体时间和地点。通常情况下，工程师应到场参加检查或检验，如果在商定时间内工程师未到场参加检查或检验，且工程师无其他指示（如延期检查或检验），承包商可自行检查或检验，并立即将检查或检验结果提交给工程师。除合同另有规定外，工程师应在事后确认承包商提交的检查或检验结果。

对于承包商未按合同规定检查或检验材料和工程设备，工程师指示承包商按合同规定补做检查或检验。此时，承包商应无条件地按工程师的指示和合同规定补做检查或检验，并应承担检查或检验所需的费用和可能带来的工期延误责任。

③额外检验。在合同履行过程中，如果工程师需要增加合同中未作规定的检查和检验项目，工程师有权指示承包商增加额外检验，承包商应遵照执行，但应由业主承担额外检验的费用和工期延误责任。

④重新检验。在任何情况下，如果工程师对以往的检验结果有疑问，有权指示承包商进行再次检验即重新检验，承包商必须执行工程师指示，不得拒绝。"以往检验结果"是指已按合同规定要求得到工程师的同意，如果承包商

的检验结果未得到工程师同意，则工程师指示承包商进行的检验不能称为重新检验，应为合同内检测。

重新检验带来的费用增加和工期延误责任的承担视重新检验结果而定。如果重新检验结果证明这些材料、工程设备、工序不符合合同要求，则应由承包商承担重新检验的全部费用和工期延误责任；如果重新检验结果证明这些材料、工程设备、工序符合合同要求，则应由业主承担重新检验的费用和工期延误责任。

当承包商未按合同规定进行检查或检验，并且不执行工程师有关补做检查或检验指示和重新检验的指示时，工程师为了及时发现可能的质量隐患，减少可能造成的损失，可以指派自己的人员或委托其他人进行检查或检验，以保证质量。此时，不论检查或检验结果如何，工程师因采取上述检查或检验补救措施而造成的工期延误和增加的费用均应由承包商承担。

⑤不合格工程、材料和工程设备：

禁止使用不合格材料和工程设备：

第一，工程使用的一切材料、工程设备均应满足合同规定的等级、质量标准和技术特性。工程师在工程质量的检查或检验中发现承包商使用了不合格材料或工程设备时，可以随时发出指示，要求承包商立即改正，并禁止在工程中继续使用这些不合格的材料和工程设备。

第二，如果承包商使用了不合格材料和工程设备，其造成的后果应由承包商承担责任，承包商应无条件地按工程师指示进行补救。业主提供的工程设备经验收不合格的应由业主承担相应责任。

不合格工程、材料和工程设备的处理：

第一，如果工程师的检查或检验结果表明承包商提供的材料或工程设备不符合合同要求，工程师可以拒绝接收，并立即通知承包商。此时，承包商除立即停止使用外，应与工程师共同研究补救措施。如果在使用过程中发现不合格材料，工程师应视具体情况，下达运出现场或降级使用的指示。

第二，如果检查或检验结果表明业主提供的工程设备不符合合同要求，承包商有权拒绝接收，并要求业主予以更换。

第三，如果因承包商使用了不合格材料和工程设备造成了工程损害，工程师可以随时发出指示，要求承包商立即采取措施进行补救，直至彻底清除工程的不合格部位及不合格材料和工程设备。

第四，如果承包商无故拖延或拒绝执行工程师的有关指示，则业主有权委托其他承包商执行该项指示。由此而造成的工期延误和增加的费用由承包商承担。

(3) 隐蔽工程

隐蔽工程和工程隐蔽部位是指已完成的工作面经覆盖后将无法事后查看的任何工程部位和基础。由于隐蔽工程和工程隐蔽部位的特殊性及重要性，因此没有工程师的批准，工程的任何部分均不得覆盖或使之无法查看。

对于将被覆盖的部位和基础在进行下一道工序之前，首先由承包商进行自检（"三检"），确认符合合同要求后，再通知工程师进行检查，工程师不得无故缺席或拖延，承包商通知时应考虑到工程师有足够的检查时间。工程师应按通知约定的时间到场进行检查，确认质量符合合同规定要求，并在检查记录上签字后，才能允许承包商进入下一道工序，进行覆盖。承包商在取得工程师的检查签证之前，不得以任何理由进行覆盖，否则，承包商应承担因补检而增加的费用和工期延误责任。如果由于工程师未及时到场检查，承包商因等待或延期检查而造成工期延误则承包商有权要求延长工期和赔偿其停工、窝工等损失。

(4) 放线

①施工控制网。工程师应在合同规定的期限内向承包商提供测量基准点、基准线和水准点及其书面资料。业主和工程师应对测量点、基准线和水准点的正确性负责。

承包商应在合同规定期限内完成测设自己的施工控制网，并将施工控制网资料报送工程师审批。承包商应对施工控制网的正确性负责。此外，承包商还应负责保管全部测量基准和控制网点。工程完工后，应将施工控制网点完好地移交给业主。

工程师为了监理工作的需要，可以使用承包商的施工控制网，并不为此另行支付费用。此时，承包商应及时提供必要的协助，不得以任何理由加以拒绝。

②施工测量。承包商应负责整个施工过程中的全部施工测量放线工作，包括地形测量、放样测量、断面测量、支付收方测量和验收测量等，并应自行配置合格的人员、仪器、设备和其他物品。

承包商在施测前，应将施工测量措施报告报送工程师审批。

工程师应按合同规定对承包商的测量数据和放样成果进行检查。工程师认为必要时还可指示承包商在工程师的监督下进行抽样复测，并修正复测中发现的错误。

(5) 完工和保修

①完工验收。完工验收指承包商基本完成合同中规定的工程项目后，移交给业主接收前的交工验收，不是国家或业主对整个项目的验收。基本完成是指

不一定要合同规定的工程项目全部完成，有些不影响工程使用的尾工项目，经工程师批准，可待验收后在保修期中去完成。

完工验收申请报告：当工程具备了下列条件，并经工程师确认时，承包商即可向业主和工程师提交完工验收申请报告，并附上完工资料：第一，除工程师同意可列入保修期完成的项目外，已完成了合同规定的全部工程项目。第二，已按合同规定备齐了完工资料，包括：工程实施概况和大事记，已完工程（含工程设备）清单，永久工程完工图，列入保修期完成的项目清单，未完成的缺陷修复清单，施工期观测资料，各类施工文件、施工原始记录等。第三，已编制了在保修期内实施的项目清单和未修复的缺陷项目清单以及相应的施工措施计划。

工程师审核：工程师在接到承包商完工验收申请报告后的28d内进行审核并作出决定，或者提请业主进行工程验收，或者通知承包商在验收前尚应完成的工作和对申请报告的异议，承包商应在完成工作后或修改报告后重新提交完工验收申请报告。

完工验收和移交证书：业主在接到工程师提请进行工程验收的通知后，应在收到完工验收申请报告后56d内组织工程验收，并在验收通过后向承包商颁发移交证书。移交证书上应注明由业主、承包商、工程师协商核定的工程实际完工日期。此日期是计算承包商完工工期的依据，也是工程保修期的开始。从颁交证书之日起，照管工程的责任即应由业主承担，且在此后14d内，业主应将保留金总额的50%退还给承包商。

分阶段验收和施工期运行：水利水电工程中分阶段验收有两种情况。第一种情况是在全部工程验收前，某些单位工程，如船闸、隧洞等已完工，经业主同意可先行单独进行验收，通过后颁发单位工程移交证书，由业主先接管该单位工程。第二种情况是业主根据合同进度计划的安排，需提前使用尚未全部建成的工程，如大坝工程达到某一特定高程可以满足初期发电时，可对该部分工程进行验收，以满足初期发电要求。验收通过应签发临时移交证书。工程未完成部分仍由承包商继续施工。对通过验收的部分工程由于在施工期运行而使承包商增加了修复缺陷的费用，业主应给予适当的补偿。

业主拖延验收：如业主在收到承包商完工验收申请报告后，不及时进行验收，或在验收通过后无故不颁发移交证书，则业主应从承包商发出完工验收申请报告56d后的次日起承担照管工程的费用。

②工程保修：

保修期（FIDIC条款中称为缺陷通知期）：工程移交前，虽然已通过验收，但是还未经过运行的考验，而且还可能有一些尾工项目和修补缺陷项目未完成，所以还必须有一段时间用来检验工程的正常运行，这就是保修期。水利水电土建工程保修期一般为一年，从移交证书中注明的全部工程完工日期开始起算。在全部工程完工验收前，业主已提前验收的单位工程或部分工程，若未投入正常运行，其保修期仍按全部工程完工日期起算；若验收后投入正常运行，其保修期应从该单位工程或部分工程移交证书上注明的完工日期起算。

保修责任：第一，保修期内，承包商应负责修复完工资料中未完成的缺陷修复清单所列的全部项目。第二，保修期内如发现新的缺陷和损坏，或原修复的缺陷又遭损坏，承包商应负责修复。至于修复费用由谁承担，需视缺陷和损坏的原因而定，由于承包商施工中的隐患或其他承包商原因所造成，应由承包商承担；若由于业主使用不当或业主其他原因所致，则由业主承担。

保修责任终止证书（FIDIC条款中称为履约证书）：在全部工程保修期满，且承包商不遗留任何尾工项目和缺陷修补项目，业主或授权工程师应在28d内向承包商颁发保修责任终止证书。

保修责任终止证书的颁发，表明承包商已履行了保修期的义务，工程师对其满意，也表明了承包商已按合同规定完成了全部工程的施工任务，业主接受了整个工程项目。但此时合同双方的财务账目尚未结清，可能有些争议还未解决，故并不意味合同已履行结束。

③清理现场与撤离。圆满完成清场工作是承包商进行文明施工的一个重要标志。一般而言，在工程移交证书颁发前，承包商应按合同规定的工作内容对工地进行彻底清理，以便业主使用已完成的工程。经业主同意后也可留下部分清场工作在保修期满前完成。

承包商应按下列工作内容对工地进行彻底清理，并需经工程师检验合格为止：

第一，工程范围内残留的垃圾已全部焚毁、掩埋或清除出场。

第二，临时工程已按合同规定拆除，场地已按合同要求清理和平整。

第三，承包商设备和剩余的建筑材料已按计划撤离工地，废弃的施工设备和材料亦已清除。

第四，施工区内的永久道路和永久建筑物周围的排水沟道，均已按合同图纸要求和工程师指示进行疏通和修整。

第五，主体工程建筑物附近及其上、下游河道中的施工堆积场，已按工程师的指示予以清理。

此外，在全部工程的移交证书颁发后42d内，除了经工程师同意，由于保修期工作需要留下部分承包商人员、施工设备和临时工程外，承包商的队伍应撤离工地，并做好环境恢复工作。

(二) 全面质量管理概述

全面质量管理（Total Quality Management，简称 TQM）是企业管理的中心环节，是企业管理的纲，它和企业的经营目标是一致的。这就是要求将企业的生产经营管理和质量管理有机地结合起来。

1. 全面质量管理的基本概念

全面质量管理是以组织全员参与为基础的质量管理模式，它代表了质量管理的最新阶段，最早起源于美国，美国通用电气公司质量经理菲根堡姆（Feigenbaum）在《全面质量管理》一书中指出：全面质量管理是为了能够在最经济的水平上，并充分考虑到满足用户的要求的条件下进行市场研究、设计、生产和服务，把企业内各部门研制质量，维持质量和提高质量的活动构成为一体的一种有效体系。他的理论经过世界各国的继承和发展，得到了进一步的扩展和深化。ISO 9000 族标准中对全面质量管理的定义为：一个组织以质量为中心，以全员参与为基础，目的在于通过让顾客满意和本组织所有成员及社会受益而达到长期成功的管理途径。

2. 全面质量管理的基本要求

（1）全过程的管理

任何一个工程（和产品）的质量，都有一个产生、形成和实现的过程；整个过程是由多个相互联系、相互影响的环节所组成的，每一环节都或重或轻地影响着最终的质量状况。因此，要搞好工程质量管理，必须把形成质量的全过程和有关因素控制起来，形成一个综合的管理体系，做到以防为主，防检结合，重在提高。

（2）全员的质量管理

工程（产品）的质量是企业各方面、各部门、各环节工作质量的反映。每一环节，每一个人的工作质量都会不同程度地影响着工程（产品）最终质量。工程质量人人有责，只有人人都关心工程的质量，做好本职工作，才能生产出好质量的工程。

（3）全企业的质量管理

全企业的质量管理一方面要求企业各管理层次都要有明确的质量管理内容，各层次的侧重点要突出，每个部门应有自己的质量计划、质量目标和对策，层层控制；另一方面就是要把分散在各部门的质量职能发挥出来。如水利水电工程中的"三检制"，就充分反映这一观点。

（4）多方法的管理

影响工程质量的因素越来越复杂：既有物质的因素，又有人为的因素；既有技术因素，又有管理因素；既有内部因素，又有企业外部因素。要搞好工程质量，就必须把这些影响因素控制起来，分析它们对工程质量的不同影响。灵活运用各种现代化管理方法来解决工程质量问题。

3. 全面质量管理的工作原则

(1) 预防原则

在企业的质量管理工作中，要认真贯彻预防为主的原则，凡事要防患于未然。在产品制造阶段应该采用科学方法对生产过程进行控制，尽量把不合格品消灭在发生之前。在产品的检验阶段，不论是对最终产品或是在制品，都要把质量信息及时反馈并认真处理。

(2) 经济原则

全面质量管理强调质量，但无论质量保证的水平或预防不合格的深度都是没有止境的，必须考虑经济性，建立合理的经济界限，这就是所谓经济原则。因此，在产品设计制定质量标准时，在生产过程进行质量控制时，在选择质量检验方式为抽样检验或全数检验时等场合，都必须考虑其经济效益。

(3) 协作原则

协作是大生产的必然要求。生产和管理分工越细，就越要求协作。一个具体单位的质量问题往往涉及许多部门，如无良好的协作是很难解决的。因此，强调协作是全面质量管理的一条重要原则，也反映了系统科学全局观点的要求。

(4) 按照 PDCA 循环组织活动

PDCA 循环是质量体系活动所应遵循的科学工作程序，周而复始，内外嵌套，循环不已，以求质量不断提高。

4. 全面质量管理的运转方式

质量保证体系运转方式是按照计划 (P)、执行 (D)、检查 (C)、处理 (A) 的管理循环进行的。它包括四个阶段和八个工作步骤。

(1) 四个阶段

①计划阶段。按使用者要求，根据具体生产技术条件，找出生产中存在的问题及其原因，拟定生产对策和措施计划。

②执行阶段。按预定对策和生产措施计划，组织实施。

③检查阶段。对生产成品进行必要的检查和测试，即把执行的工作结果与预定目标对比，检查执行过程中出现的情况和问题。

④处理阶段。把经过检查发现的各种问题及用户意见进行处理。凡符合计划要求的予以肯定，成文标准化。对不符合设计要求和不能解决的问题，转入下一循环以进一步研究解决。

(2) 八个步骤

①分析现状,找出问题,不能凭印象和表面作判断。结论要用数据表示。

②分析各种影响因素,要把可能因素一一加以分析。

③找出主要影响因素,要努力找出主要因素进行解剖,才能改进工作,提高产品质量。

④研究对策,针对主要因素拟定措施,制定计划,确定目标。以上属 P 阶段工作内容。

⑤执行措施为 D 阶段的工作内容。

⑥检查工作成果,对执行情况进行检查,找出经验教训,为 C 阶段的工作内容。

⑦巩固措施,制定标准,把成熟的措施订成标准(规程、细则)形成制度。

⑧遗留问题转入下一个循环。

以上⑦和⑧为 A 阶段的工作内容。PDCA 管理循环的工作程序是 P→D→C→A→P。

(3) PDCA 循环的特点

①四个阶段缺一不可,先后次序不能颠倒。就好像一只转动的车轮,在解决质量问题中滚动前进逐步使产品质量提高。

②企业的内部 PDCA 循环各级都有,整个企业是一个大循环,企业各部门又有自己的循环。大循环是小循环的依据,小循环又是大循环的具体和逐级贯彻落实的体现。

③PDCA 循环不是在原地周而复始地转动,而是像爬楼梯那样,每转一个循环都有新的目标和内容。这就意味前进了一步,从原有水平上升到了新的水平,每经过一次循环,也就解决了一批问题,质量水平就有新的提高。

④A 阶段是一个循环的关键,这一阶段(处理阶段)的目的在于总结经验,巩固成果,纠正错误,以利于下一个管理循环。为此必须把成功和经验纳入标准,定为规程,使之标准化、制度化,以便在下一个循环中遵照办理,使质量水平逐步提高。

必须指出,质量的好坏反映了人们质量意识的强弱,也反映了人们对提高产品质量意义的认识水平。有了较强的质量意识,还应使全体人员对全面质量管理的基本思想和方法有所了解。这就需要开展全面质量管理,必须加强质量教育的培训工作,贯彻执行质量责任制并形成制度,持之以恒,才能使工程施工质量水平不断提高。

三、工程质量统计与分析

（一）质量数据

利用质量数据和统计分析方法进行项目质量控制，是控制工程质量的重要手段。通常，通过收集和整理质量数据，进行统计分析比较，找出生产过程的质量规律，判断工程产品质量状况，发现存在的质量问题，找出引起质量问题的原因，并及时采取措施，预防和纠正质量事故，使工程质量始终处于受控状态。

质量数据是用以描述工程质量特征性能的数据。它是进行质量控制的基础，没有质量数据，就不可能有现代化的科学的质量控制。

1. 质量数据的类型

质量数据按其自身特征，可分为计量值数据和计数值数据；按其收集目的可分为控制性数据和验收性数据。

（1）计量值数据

计量值数据是可以连续取值的连续型数据。如长度、质量、面积、标高等特征，一般都是可以用量测工具或仪器等量测，一般都带有小数。

（2）计数值数据

计数值数据是不连续的离散型数据。如不合格品数、不合格的构件数等，这些反映质量状况的数据是不能用量测器具来度量的，采用计数的办法，只能出现 0、1、2 等非负数的整数。

（3）控制性数据

控制性数据一般是以工序作为研究对象，是为分析、预测施工过程是否处于稳定状态，而定期随机地抽样检验获得的质量数据。

（4）验收性数据

验收性数据是以工程的最终实体内容为研究对象，以分析、判断其质量是否达到技术标准或用户的要求，而采取随机抽样检验而获取的质量数据。

2. 质量数据的波动及其原因

在工程施工过程中常可看到在相同的设备、原材料、工艺及操作人员条件下，生产的同一种产品的质量不同，反映在质量数据上，即具有波动性，其影响因素有偶然性因素和系统性因素两大类。偶然性因素引起的质量数据波动属于正常波动，偶然因素是无法或难以控制的因素，所造成的质量数据的波动量不大，没有倾向性，作用是随机的，工程质量只有偶然因素影响时，生产才处于稳定状态。由系统因素造成的质量数据波动属于异常波动，系统因素是可控制、易消除的因素，这类因素不经常发生，但具有明显的倾向性，对工程质量的影响较大。

质量控制的目的就是要找出出现异常波动的原因，即系统性因素是什么，并加以排除，使质量只受随机性因素的影响。

3. 质量数据的收集

质量数据的收集总的要求应当是随机地抽样，即整批数据中每一个数据都有被抽到的同样机会。常用的方法有随机法、系统抽样法、二次抽样法和分层抽样法。

4. 样本数据特征

为了进行统计分析和运用特征数据对质量进行控制，经常要使用许多统计特征数据。统计特征数据主要有均值、中位数、极值、极差、标准偏差、变异系数，其中均值、中位数表示数据集中的位置；极差、标准偏差、变异系数表示数据的波动情况，即分散程度。

（二）质量控制的统计方法简介

通过对质量数据的收集、整理和统计分析，找出质量的变化规律和存在的质量问题，提出进一步的改进措施，这种运用数学工具进行质量控制的方法是所有涉及质量管理的人员所必须掌握的，它可以使质量控制工作定量化和规范化。下面介绍几种在质量控制中常用的数学工具及方法。

1. 直方图法

（1）直方图的用途

直方图又称频率分布直方图，它们将产品质量频率的分布状态用直方图形来表示，根据直方图形的分布形状和与公差界限的距离来观察、探索质量分布规律，分析和判断整个生产过程是否正常。

利用直方图可以制定质量标准，确定公差范围，可以判明质量分布情况是否符合标准的要求。

（2）直方图的分析

直方图有以下几种分布形式：

①正常对称形：说明生产过程正常，质量稳定。

②锯齿形：原因一般是分组不当或组距确定不当。

③孤岛形：原因一般是材质发生变化或他人临时替班。

④绝壁形：一般是剔除下限以下的数据造成的。

⑤双峰形：把两种不同的设备或工艺的数据混在一起造成的。

⑥平峰形：生产过程中有缓慢变化的因素起主导作用。

（3）直方图的注意事项

①直方图属于静态的，不能反映质量的动态变化。

②画直方图时，数据不能太少，一般应大于 50 个数据，否则画出的直方图难以正确反映总体的分布状态。

③直方图出现异常时，应注意将收集的数据分层，然后画直方图。

④直方图呈正态分布时，可求平均值和标准差。

2. 排列图法

排列图法又称巴雷特法、主次排列图法，是分析影响质量主要问题的有效方法，将众多的因素进行排列，主要因素就一目了然。

排列图法是由一个横坐标、两个纵坐标、几个长方形和一条曲线组成的。左侧的纵坐标是频数或件数，右侧纵坐标是累计频率，横轴则是项目或因素，按项目频数大小顺序在横轴上自左而右画长方形，其高度为频数，再根据右侧的纵坐标，画出累计频率曲线，该曲线也称巴雷特曲线。

3. 因果分析图法

因果分析图也叫鱼刺图、树枝图，这是一种逐步深入研究和讨论质量问题的图示方法。在工程建设过程中，任何一种质量问题的产生，一般都是多种原因造成的，这些原因有大有小，把这些原因按照大小顺序分别用主干、大枝、中枝、小枝来表示，这样，就可一目了然地观察出导致质量问题的原因，并以此为据，制定相应对策。

4. 管理图法

管理图也称控制图，它是反映生产过程随时间变化而变化的质量动态，即反映生产过程中各个阶段质量波动状态的图形。管理图利用上下控制界限，将产品质量特性控制在正常波动范围内，一旦有异常反应，通过管理图就可以发现，并及时处理。

5. 相关图法

产品质量与影响质量的因素之间，常有一定的相互关系，但不一定是严格的函数关系，这种关系称为相关关系，可利用直角坐标系将两个变量之间的关系表达出来。相关图的形式有正相关、负相关、非线性相关和无相关。

四、工程质量事故的处理

（一）工程事故的分类

凡水利水电工程在建设中或完工后，由于设计、施工、监理、材料、设备、工程管理和咨询等方面造成工程质量不符合规程、规范和合同要求的质量标准，影响工程的使用寿命或正常运行，一般需作补救措施或返工处理的，统称为工程质量事故。日常所说的事故大多指施工质量事故。

在水利水电工程中，按对工程的耐久性和正常使用的影响程度，检查和处理质量事故对工期影响时间的长短以及直接经济损失的大小,将质量事故分为一般质量事故、较大质量事故、重大质量事故和特大质量事故。

①一般质量事故是指对工程造成一定经济损失,经处理后不影响正常使用,不影响工程使用寿命的事故。小于一般质量事故的统称为质量缺陷。

②较大质量事故是指对工程造成较大经济损失或延误较短工期,经处理后不影响正常使用,但对工程使用寿命有较大影响的事故。

③重大质量事故是指对工程造成重大经济损失或延误较长工期,经处理后不影响正常使用,但对工程使用寿命有较大影响的事故。

④特大质量事故是指对工程造成特大经济损失或长时间延误工期,经处理后仍对工程正常使用和使用寿命有较大影响的事故。

(二) 工程事故的处理方法

1. 事故处理的目的

工程质量事故分析与处理的目的主要是:正确分析事故原因,防止事故恶化;创造正常的施工条件;排除隐患,预防事故发生;总结经验教训,区分事故责任;采取有效的处理措施,尽量减少经济损失,保证工程质量。

2. 事故处理的原则

①质量事故发生后,人们应坚持"三不放过"的原则,即事故原因不查清不放过,事故主要责任人和职工未受到教育不放过,补救措施不落实不放过。

②发生质量事故,人们应立即向有关部门(业主、监理单位、设计单位和质量监督机构等)汇报,并提交事故报告。

③由质量事故而造成的损失费用,坚持事故责任是谁由谁承担的原则。如责任在施工承包商,则事故分析与处理的一切费用由承包商自己负责;施工中事故责任不在承包商,则承包商可依据合同向业主提出索赔;若事故责任在设计或监理单位,应按照有关合同条款给予相关单位必要的经济处罚。构成犯罪的,移交司法机关处理。

3. 事故处理的程序和方法

事故处理的程序是:①下达工程施工暂停令;②组织调查事故;③事故原因分析;④事故处理与检查验收;⑤下达复工令。

事故处理的方法有两大类:

①修补。这种方法适用于通过修补可以不影响工程的外观和正常使用的质量事故,此类事故是施工中多发的。

②返工。这类事故严重违反规范或标准,影响工程使用和安全,且无法修补,必须返工。

有些工程质量问题,虽严重超过了规程、规范的要求,已具有质量事故的

第四章 水利工程进度与质量管理

性质，但可针对工程的具体情况，通过分析论证，不需作专门处理，但要记录在案。如混凝土蜂窝、麻面等缺陷，可通过涂抹、打磨等方式处理；欠挖或模板问题使结构断面被削弱，经设计复核验算，仍能满足承载要求的，也可不作处理，但必须记录在案，并有设计和监理单位的鉴定意见。

五、工程质量评定与验收

（一）工程质量评定

1. 质量评定的意义

工程质量评定是依据国家或部门统一制定的现行标准和方法，对照具体施工项目的质量结果，确定其质量等级的过程。水利水电工程按《水利水电工程施工质量检验与评定规程（附条文说明）》（SL 176—2007）执行。其意义在于统一评定标准和方法，正确反映工程的质量，使之具有可比性；同时也考核企业等级和技术水平，促进施工企业提高质量。

工程质量评定以单元工程质量评定为基础，其评定的先后次序是单元工程、分部工程和单位工程。

工程质量的评定在施工单位（承包商）自评的基础上，由建设（监理）单位复核，报政府质量监督机构核定。

2. 评定依据

①国家与水利水电部门有关行业规程、规范和技术标准。

②经批准的设计文件、施工图纸、设计修改通知、厂家提供的设备安装说明书及有关技术文件。

③工程合同采用的技术标准。

④工程试运行期间的试验及观测分析成果。

3. 评定标准

（1）单元工程质量评定标准

单元工程质量等级按《水利水电工程施工质量检验与评定规程（附条文说明）》（SL 176—2007）进行。当单元工程质量达不到合格标准时，必须及时处理，其质量等级按如下确定：

①全部返工重做的，可重新评定等级；

②经加固补强并经过鉴定能达到设计要求，其质量只能评定为合格；

③经鉴定达不到设计要求，但建设（监理）单位认为能基本满足安全和使用功能要求的，可不补强加固，或经补强加固后，改变外形尺寸或造成永久缺陷的，经建设（监理）单位认为能基本满足设计要求，其质量可按合格处理。

(2) 分部工程质量评定标准

分部工程质量合格的条件是：①单元工程质量全部合格；②中间产品质量及原材料质量全部合格，金属结构及启闭机制造质量合格，机电产品质量合格。

分部工程优良的条件是：①单元工程质量全部合格，其中有 50% 以上达到优良，主要单元工程、重要隐蔽工程及关键部位的单位工程质量优良，且未发生过质量事故；②中间产品质量全部合格，其中混凝土拌和物质量达到优良，原材料质量、金属结构及启闭机制造质量合格，机电产品质量合格。

(3) 单位工程质量评定标准

单位工程质量合格的条件是：①和②同分部工程质量合格的条件的一样；③外观质量得分率达 70% 以上；④施工质量检验资料基本齐全。

单位工程优良的条件是：①分部工程质量全部合格，其中有 70% 以上达到优良，主要分部工程质量优良，且未发生过重大质量事故；②同分部工程优良的条件的一样；③外观质量得分率达 85% 以上；④施工质量检验资料齐全。

(4) 工程质量评定标准

单位工程质量全部合格，工程质量可评为合格；如其中 50% 以上的单位工程优良，且主要建筑物单位工程质量优良，则工程质量可评优良。

(二) 工程质量验收

1. 工程质量验收概述

工程验收是在工程质量评定的基础上，依据一个既定的验收标准，采取一定的手段来检验工程产品的特性是否满足验收标准的过程。水利水电工程验收分为分部工程验收、阶段验收、单位工程验收和竣工验收。按照验收的性质，可分为投入使用验收和完工验收。工程验收的目的是：检查工程是否按照批准的设计进行建设；检查已完工程在设计、施工、设备制造安装等方面的质量，并对验收遗留问题提出处理要求；检查工程是否具备运行或进行下一阶段建设的条件；总结工程建设中的经验教训，并对工程作出评价；及时移交工程，尽早发挥投资效益。

工程验收的依据是：有关法律、规章和技术标准，主管部门有关文件，批准的设计文件及相应设计变更、修设文件，施工合同，监理签发的施工图纸和说明，设备技术说明书等。当工程具备验收条件时，应及时组织验收。未经验收或验收不合格的工程不得交付使用或进行后续工程施工。验收工作应相互衔接，不应重复进行。

工程进行验收时必须要有质量评定意见，阶段验收和单位工程验收应有水利水电工程质量监督单位的工程质量评价意见；竣工验收必须有水利水电工程质量监督单位的工程质量评定报告,竣工验收委员会在其基础上鉴定工程质量等级。

2. 工程验收的主要工作

(1) 分部工程验收

分部工程验收应具备的条件是该分部工程的所有单元工程已经完建且质量全部合格。分部工程验收的主要工作是:鉴定工程是否达到设计标准;按现行国家或行业技术标准,评定工程质量等级;对验收遗留问题提出处理意见。分部工程验收的图纸、资料和成果是竣工验收资料的组成部分。

(2) 阶段验收

根据工程建设需要,当工程建设达到一定关键阶段(如基础处理完毕、截流、水库蓄水、机组启动、输水工程通水等)时,应进行阶段验收。阶段验收的主要工作是:检查已完工程的质量和形象面貌;检查在建工程建设情况;检查待建工程的计划安排和主要技术措施落实情况,以及是否具备施工条件;检查拟投入使用工程是否具备运用条件;对验收遗留问题提出处理要求。

(3) 完工验收

完工验收应具备的条件是所有分部工程已经完建并验收合格。完工验收的主要工作是:检查工程是否按批准设计完成;检查工程质量,评定质量等级,对工程缺陷提出处理要求;对验收遗留问题提出处理要求;按照合同规定,施工单位向项目法人移交工程。

(4) 竣工验收

工程在投入使用前必须通过竣工验收。竣工验收应在全部工程完建后 3 个月内进行。进行验收确有困难的,经工程验收主持单位同意,可以适当延长期限。竣工验收应具备以下条件:工程已按批准设计规定的内容全部建成;各单位工程能正常运行;历次验收所发现的问题已基本处理完毕;归档资料符合工程档案资料管理的有关规定;工程建设征地补偿及移民安置等问题已基本处理完毕,工程主要建筑物安全保护范围内的迁建和工程管理土地征用已经完成;工程投资已经全部到位;竣工决算已经完成并通过竣工审计。

竣工验收的主要工作:审查项目法人"工程建设管理工作报告"和初步验收工作组"初步验收工作报告";检查工程建设和运行情况;协调处理有关问题;讨论并通过"竣工验收鉴定书"。

第五章 水利工程施工安全技术与管理

第一节 防火与防爆

一、防火防爆基本知识

防火防爆安全技术是为了防止火灾和爆炸事故的综合性技术，涉及多种工程技术学科，范围广泛，技术复杂。火灾和爆炸是水利水电工程建设安全生产的大敌，一旦发生，极易造成人员的重大伤亡和财产损失。因而要严格控制和管理各种危险物及发火源，消除危险因素，将火灾和爆炸危险控制在最小范围内；发生火灾事故后，作业人员能迅速撤离险区，安全疏散，同时要及时有效地将火灾扑灭，防止蔓延和发生灾害。

（一）燃点、自燃点和闪点

火灾和爆炸的形成，与可燃物的燃点、自燃点和闪点密切有关。

①燃点。燃点是可燃物质受热发生自燃的最低温度。达到这一温度，可燃物质与空气接触，不需要明火的作用，就能自行燃烧。

②自燃点。物质的自燃点越低，发生起火的危险性越大。但是，物质的自燃点不是固定的，而是随着压力、温度和散热等条件的不同有相应的改变。一般压力愈高，自燃点愈低。可燃气体在压缩机中之所以较容易爆炸，原因之一就是因压力升高后自燃点降低了。

③闪点。闪点是易燃与可燃液体挥发出的蒸气与空气形成混合物后，遇火源发生内燃的最低温度。

闪燃通常发生蓝色的火花，而且一闪即灭。这是因为，易燃和可燃液体在闪点时蒸发速度缓慢，蒸发出来的蒸气仅能维持一刹那的燃烧，来不及补充新的蒸气，不能继续燃烧。从消防观点来说，闪燃就是火灾的先兆，在防火规范中有关物质的危险等级划分，就是以闪点为准的。

（二）燃烧和爆炸

正确掌握防火防爆技术，了解形成燃烧和爆炸的基本原理，能有效防止火灾和爆炸的发生。

1. 燃烧

燃烧是可燃物质与空气或氧化剂发生化学反应而产生放热、发光的现象。在生产生活中，凡是产生超出有效范围的违背人们意志的燃烧，即为火灾。燃烧必须同时具备以下三个基本条件：

①凡是与空气中氧或其他氧化剂发生剧烈反应的物质，都称为可燃物。如木材、纸张、金属镁、金属钠、汽油、酒精、氢气、乙炔和液化石油等。

②助燃物。凡是能帮助和支持燃烧的物质，都称为助燃物。如氧化氯酸钾、高锰酸钾、过氧化钠等氧化剂。由于空气中含有21%左右的氧，所以可燃物质燃烧能够在空气中持续进行。

③火源。凡能引起可燃物质燃烧的热能源，都称为火源。如明火、电火花、聚焦的日光、高温灼热体，以及化学能和机械冲击能等。

防止以上三个条件同时存在，避免其相互作用，是防火技术的基本要求。

2. 爆炸

物质由一种状态迅速转变成为另一种状态，并在极短的时间内以机械功的形式放出巨大的能量，或者是气体在极短的时间内发生剧烈膨胀，压力迅速下降到常温的现象，都称为爆炸。爆炸可分为化学性爆炸和物理性爆炸两种。

（1）化学性爆炸

化学性爆炸是物质由于发生化学反应，产生出大量气体和热量而形成的爆炸。这种爆炸能够直接造成火灾。

（2）物理性爆炸

物理性爆炸通常指锅炉、压力容器或气瓶内的物质由于受热、碰撞等因素，使气体膨胀，压力急剧升高，超过了设备所能承受的机械强度而发生的爆炸。

（3）爆炸极限

可燃气体、蒸气和粉尘与空气（或氧气）的混合物，在一定的浓度范围内能发生爆炸。爆炸性混合物能够发生爆炸的最低浓度，称为爆炸下限；能够发生爆炸的最高浓度，称为爆炸上限。爆炸下限和爆炸上限之间的范围，称为爆炸极限。可燃物质的爆炸下限越低，爆炸极限范围越宽，则爆炸的危险性越大。

影响爆炸极限的因素很多。爆炸性混合物的温度越高，压力越大，含氧量越高，以及火源能量超大等，都会使爆炸极限范围扩大。

可燃气体与氧气混合的爆炸范围都比与空气混合的爆炸范围宽，因而更具有爆炸的危险性。

（三）预防火灾爆炸的基本方法

预防火灾爆炸的基本方法有控制可燃物，使其浓度在爆炸极限以外；控制助燃物，隔绝空气或控制氧化剂；消除着火源，加强火种管理；阻止火势蔓延等。

1. 控制可燃物，使其浓度在爆炸极限以外

①以难燃烧或不燃烧的代替易燃或可燃材料（如用不燃材料或难燃材料做建筑结构、装修材料）；

②加强通风，降低可燃气体、可燃烧或爆炸的物品采取分开存放、隔离等措施；

③对性质上相互作用能发生燃烧或爆炸的物品采取分开存放、隔离等措施。

2. 控制助燃物，隔绝空气或控制氧化剂

其原理是限制燃烧的助燃条件，具体方法是：

①密闭有易燃、易爆物质的房间、容器和设备，使用易燃易爆物质的生产应在密闭设备管道中进行；

②对有异常危险的生产采取充装惰性气体（如对乙炔、甲醇等生产充装氮气保护）。

3. 消除着火源

其原理是消除或控制燃烧的着火源。具体方法是：①在危险场所，动用明火、禁止吸烟、穿带钉子鞋；②采用防爆电气设备，安避雷针，装接地线；③进行烘烤、热处理作业时，严格控制温度，不超过可燃物质的自燃点；④经常润滑机器轴承，防止摩擦产生高温；⑤用电设备应安装保险器，防止因电线短路或超负荷而起火；⑥存放化学易燃物品的仓库，采取相应的防火措施；⑦对汽车等排烟气系统，安装防火帽或火星熄灭器等。

4. 阻止火势蔓延

其原理是不使新的燃烧条件形成，防止或限制火灾扩大。

①设置防火墙，划分防火分区，使建筑物及贮罐、堆场等之间留足防火间距；

②在可燃气体管道上安装水封及阻火器等；

③在有压力的容器上安装安全阀和防爆膜；

④在能形成爆炸介质（可燃气体、可燃蒸气和粉尘）的厂房设置泄压门窗、轻质屋盖、轻质墙体等。

（四）灭火的基本方法

灭火就是根据起火物质燃烧的方式和状态，采取一定的措施以破坏燃烧必须具备的基本条件，从而使燃烧停止。灭火的基本方法有以下四种：

1. 窒息灭火法

窒息灭火法是阻止空气流入燃烧区或用不燃物质冲淡空气，使燃烧物得不到足够的氧气而熄灭的灭火方法。具体方法是：

①用沙土、湿麻袋、水泥、湿棉被等不燃或难燃物质覆盖燃烧物；
②喷洒雾状水、干粉、泡沫等灭火剂覆盖燃烧物；
③用水蒸气或氮气、二氧化碳等惰性气体灌注发生火灾的区域；
④密闭燃烧区域（起火建筑、设备和孔洞），降低燃烧区的氧气含量。

2. 隔离灭火法

隔离灭火法是将燃烧物体与附近的可燃物隔离或将可燃物疏散开，燃烧会因缺少可燃物而停止。它适用于各种固体、液体和气体发生的火灾。具体方法有：

①把火源附近的可燃、易燃、易爆和助燃物品搬走；
②关闭可燃气体、液体管道的阀门，以减少和阻止可燃物质进入燃烧区；
③设法阻拦流散的易燃、可燃液体；
④拆除与火源相连的易燃建筑物，形成防止火势蔓延的空间地带。

3. 冷却灭火法

冷却灭火法属于物理灭火方法，就是将灭火剂直接喷射到燃烧物上，以增加散热量，降低燃烧物的温度于燃点以下，使燃烧停止；或者将灭火剂喷洒在火源附近的物体上，使其不受火焰辐射热的威胁，避免形成新的火点。冷却灭火法是灭火的一种主要方法，常用水和二氧化碳作灭火剂冷却降温灭火。灭火剂在灭火过程中不参与燃烧过程中的化学反应。

4. 抑制灭火法

抑制灭火法也称化学中断法，就是使灭火剂参与到燃烧反应过程中，使燃烧过程中产生的游离基消失，而形成稳定分子或低活性游离基，使燃烧反应停止。

人们可以使用含氟、氯、溴的化学灭火剂（如 1211 等）喷向火焰，让灭火剂参与燃烧反应，产生稳定分子或低活性的游离基，从而抑制燃烧过程，使火迅速熄灭。需要注意的是，一定要将灭火剂准确地喷射在燃烧区内。

在火场上采取哪种灭火方法，应根据火灾现场的具体情况、燃烧物质的性质、燃烧的特点和火场的具体情况，以及灭火器材装备的性能进行选择。

上述四种方法在现场可单独采用，也可同时采用。在选择灭火方法时，一定要视火灾的原因采取适当的方法，不然，就可能适得其反，扩大灾害，如对电器火灾，就不能用水浇的方法，而宜用窒息法；对油火，宜用化学灭火剂等。

二、施工现场防火防爆安全技术

施工现场的可燃物质比较多，比如木材、油料等遇到明火均有可能发生火灾，因而施工现场的火灾危险性还是比较大的。

（一）施工现场防火防爆的一般要求

①各单位应建立、健全各级消防责任制和管理制度，组建专职或业务消防队，并配备相应的消防设备，做好日常防火安全巡视检查，及时消除火灾隐患，经常开展消防宣传教育活动和灭火、应急疏散救护的演练。

②根据施工生产防火安全需要，施工现场应配备相应的消防器材和设备，存放在明显易于取用的位置。

③根据施工生产防火安全的需要，合理布置消防通道和各种防火标志，消防通道应保持通畅，宽度不应小于 3.5m。

④宿舍、办公室、休息室内严禁存放易燃易爆物品，未经许可不得使用电炉。

⑤施工区域需要使用明火时，应将使用区进行防火分隔，消除动火区域内的易燃、可燃物，配置消防器材，并应有专人监护。

⑥油料、炸药、木材等常用的易燃易爆危险品存放使用场所、仓库，应有严格的防火措施和相应消防设施，严禁使用明火和吸烟。

（二）施工现场的仓库防火

①易着火的仓库应设在水源充足、消防车能驶到的地方，并应设在下风方向；

②易燃露天仓库四周内应有不小于 6m 的平坦空地作为消防通道，通道上禁止堆放障碍物；

③贮量大的易燃仓库应设 2 个以上的大门，并应将生活区、生活辅助区和堆场分开布置；

④有明火的生产辅助区和生活用房与易燃堆垛之间至少应保持 30m 的防火间距；

⑤对易引起火灾的仓库，应将库房内、外按每 $500m^2$ 的区域分段设立防火墙，把建筑平面划分为若干个防火单元，以便考虑失火后能阻止火势的扩散。

⑥仓库或堆料场所使用的照明灯与易燃堆垛间至少应保持 1m 的距离。

⑦安装的开关箱、接线盒，应距离堆垛外缘不小于 1.5m，不准乱拉临时

电气线路。

⑧仓库或堆料场严禁使用碘钨灯,以防电气设备起火。

⑨在易燃物堆垛附近禁止吸烟和使用明火。

⑩对贮存的易燃货物应经常进行防火安全检查,发现火险隐患,必须及时采取措施,予以消除。

(三) 施工现场的防火防爆和消防

1. 施工现场防火一般要求

①施工现场应明确划分用火作业区域,易燃、可燃材料堆放区域,仓库、废品集中站和生活等区域。

②施工现场的道路应畅通无阻,设有夜间照明设施,并加强值班巡逻。

③不准在高压架空线下面搭设临时性建筑物或堆放可燃物品。

④开工前应将消防器材和设施配备好,并应在生活区、仓库、油库等重点防火部位设置消防水管、消防栓、砂箱、铁锹等。

⑤乙炔瓶与氧气瓶的存放距离不得小于5m,与明火的距离不得小于10m。

⑥未经办理动火审批手续,未采取有效安全措施,不得在重点防火部位或区域进行焊割和生火作业。

⑦用可燃材料做保温层、冷却层、隔音层、隔热层设备的部位,或火星能飞溅到的地方,应采取切实可靠的防火措施。

⑧冬季施工采用煤炭等取暖,应符合防火要求,并指定专人负责管理。

⑨制订施工现场火灾事故应急预案和应急处置措施。

⑩建立各级负责人消防责任制和防火制度,组织义务消防队,经常检查,发现火灾隐患,必须立即消除。

2. 动火区域的划分

①凡属下列情况之一的属一级动火区域:油罐、油箱、油槽车和贮存过可燃气体、易燃气体的容器以及连接在一起的辅助设备;危险性较大的登高焊、割作业;各种受压设备;堆有大量可燃和易燃物质的场所。

②凡属下列情况之一的属二级动火区域:在具有一定危险因素的非禁火区域内进行临时焊、割等作业;小型油箱等容器;登高焊、割作业。

③在非固定的、无明显危险因素的场所进行用火作业,均属三级动火作业。

④施工现场的动火作业,必须执行审批制度。

3. 施工现场防爆注意事项

(1) 爆炸物品贮存

①贮存爆炸物品的仓库的厂址应建立在远离施工区域的独立地带,禁止设

立在人员聚集的地方。

②仓库建筑与周围的水利设施、交通枢纽、桥梁、隧道、高压输电线路、通信线路、输油管道等重要设施的安全距离，必须符合国家有关安全规定。

(2) 电气设备防爆

①对于Ⅰ类场所，即炸药、起爆药、击发药、火工品贮存和黑火药制造加工、贮存的场所，不应安装电气设备，特殊情况下仅允许安装电机的控制按钮及监视用工仪表，其选型应符合Ⅱ类危险场所电气设备的防爆要求；当生产设备采用电力传动时，电动机应安装在无危险场所，采取隔墙传动；电气照明采用安装在建筑外墙壁龛灯或装在室外的投光灯。

②对于Ⅱ类场所，即起爆药、击发药、火工品制造的场所，电气设备表面温度不得超过120℃，且符合防爆电气设备的有关规定；应采用密闭防爆型、隔爆型、正压型或防爆充油型、本质安全型、增安型（仅限于灯类及控制按钮）。

③对于Ⅲ类场所，即理化分析成品试验站，应选用密封型、防水防尘型设备。

第一，建立出入库检查、登记制度，收存和发放民用爆炸物品必须进行登记，做到账目清楚；

第二，储存的民用爆炸物品数量不得超过设计容量，对性质相抵触的民用爆炸物品须分库储存，严禁在库房内存放其他物品；

第三，专用仓库应当指定专人管理、看护，严禁无关人员进入仓库区内，严禁在仓库区内吸烟和用火，严禁把其他容易引起燃烧、爆炸的物品带入仓库区内，严禁在库房内住宿和进行其他活动；

第四，民用爆炸物品丢失，应当立即报告当地公安机关。

4. 施工现场主要场所的消防管理

施工作业区的防火间距：①用火作业区距所建的建筑物和其他区域不应小于25m。②仓库区、易燃、可燃材料堆集场距所建的建筑物和其他区域不应小于20m。③易燃品集中站距所建的建筑物和其他区域不应小于30m。

加油站、油库应遵守下列规定：①独立建筑，与其他设施、建筑直接的防火安全距离不应小于50m。②周围应设有高度不小于2.0m的围墙、栅栏。③库区道路应设环形车道，路宽不小于3.5m，应设有专门的消防通道，保持畅通。④罐体应装有呼吸阀，阻火器等防火安全装置。⑤应安装覆盖库（站）区的避雷装置，且应定期检测，其接地电阻不应大于10Ω。⑥罐体、管道应设防静电接地装置，接地网、线用40mm×4mm扁钢或φ10mm圆钢埋设，且应定期检测，其接地电阻不应大于30Ω。⑦主要位置应设置醒目的禁火警示标志及安全防火规定标识。⑧应配备相应数量的泡沫、干粉灭火器和砂土等灭火器材。⑨应使用防爆型动力和照明电器设备。⑩库区内严禁一切火源，严禁吸烟及使用手机。⑪工作人员应熟悉使用灭火器材和消防常识。⑫运输使用的油罐车应密封，并有防静电设施。

木材加工厂（场、车间）应遵守下列规定：①独立建筑，与周围其他设施、建筑之间的安全防火距离不应小于20m。②安全消防通道保持畅通。③原材料、半成品、成品堆放整齐有序，并留有足够的通道，保持畅通。④木屑、刨花、边角料等弃物及时清除，严禁置留在场内，保持场内整洁。⑤设有 $10m^3$ 以上的消防水池、消防栓及相应数量的灭火器材。⑥作业场所内禁止使用明火和吸烟。⑦明显位置设置醒目的禁火警示标志及安全防火规定标识。

5. 施工现场灭火器材的配备

①临时设施区，每 $100m^2$ 配备 2 个灭火器，大型临时设施总面积超过 $1200m^2$ 的，应备有消防用的太平桶、积水桶（池）、黄沙池等器材设施；

②木工间、油漆间、木（机）具间等，每 $25m^2$ 应配置 1 个种类合适的灭火机；油库、危险品仓库配备足够数量、种类的灭火机。

第二节　危险品管理

一、危险化学品基础知识

危险化学品，是指具有毒害、腐蚀、爆炸、燃烧、助燃等性质，对人体、设施、环境具有危害的剧毒化学品和其他化学品。依据《化学品分类和危险性公示通则》（GB 13690—2009），分为物理危险、健康危险和环境危险三大类。

（一）危险化学品的主要危险特性

①燃烧性。爆炸品、压缩气体和液化气体中的可燃性气体、易燃液体、易燃固体、自燃物品、遇湿易燃物品、有机过氧化物等，在条件具备时均可能发生燃烧。

②爆炸性。爆炸品、压缩气体和液化气体、易燃液体、易燃固体、自燃物品、遇湿易燃物品、氧化剂和有机过氧化物等危险化学品均可能由于其化学活性或易燃性引发爆炸事故。

③毒害性。许多危险化学品可通过一种或多种途径进入人体和动物体内，当其在人体累积到一定量时，便会扰乱或破坏肌体的正常生理功能，引起暂时性或持久性的病理改变，甚至危及生命。

④腐蚀性。强酸、强碱等物质能对人体组织、金属等物品造成损坏；接触

到人的皮肤、眼睛或肺部、食道等时，会引起表皮组织坏死而造成灼伤。内部器官被灼伤后可引起炎症，甚至会造成死亡。

⑤放射性。放射性危险化学品通过放出的射线可阻碍和伤害人体细胞活动机能并导致细胞死亡。

(二) 危险化学品的事故预防控制措施

1. **危险化学品的中毒、污染事故的预防控制措施**

目前，预防危险化学品的中毒、污染事故采取的主要措施是替代、变更工艺、隔离、通风、个体防护和保持卫生。

替代：人们应选用无毒或低毒的化学品代替有毒有害化学品，选用可燃化学品代替易燃化学品。例如，用甲苯替代喷漆中的苯。

变更工艺：人们应采用新技术、改变原料配方，消除或降低危险化学品的危害。例如，以往用乙炔制乙醛，采用汞做催化剂，现用乙烯为原料，通过氧化或氧氯化制乙醛，不需用汞做催化剂，通过变更工艺，彻底消除了汞害。

隔离：人们需要将生产设备封闭起来，或设置屏障，避免作业人员直接暴露于有害环境中。最常用的隔离方法是将生产或使用的设备完全封闭起来，使工人在操作中不接触危险化学品，或者把生产设备和操作室隔离开，也就是把生产设备的管线阀门、电控开关放在与生产地点完全隔离的操作室内。

通风：人们应借助于有效的通风，使作业场所空气中有害气体、蒸气或粉尘的浓度降低，通风分局部排风和全面通风两种。局部排风适用于点式扩散源，将污染源置于通风罩控制范围内；全面通风适用于面式扩散源，通过提供新鲜空气，将污染物分散稀释。

对于点式扩散源，一般采用局部通风；面式扩散源，一般采用全面通风 (也称稀释通风)。例如，实验室中的通风橱，采用的通风管和导管为局部通风设备；冶炼厂中熔化的物质从一端流向另一端时散发出有毒的烟和气，两种通风系统都有使用。

个体防护：个体防护只能作为一种辅助性措施，是一道阻止有害物质进入人体的屏障。防护用品主要有呼吸防护器具、头部防护器具、眼防护器具、身体防护器具、手足防护用品等。

保持卫生：保持卫生包括保持作业场所清洁和作业人员个人卫生两个方面。经常清洗作业场所，对废物、溢出物及时处置；作业人员养成良好的卫生习惯，防止有害物质附着在皮肤上。

2. **危险化学品火灾、爆炸事故的预防措施**

防止火灾、爆炸事故发生的基本原则主要有以下三点：

防止燃烧、爆炸系统的形成：①替代。②密闭。③惰性气体保护。④通风置换。⑤安全监测及连锁。

消除点火源：能引发事故的点火源有明火、高温表面、冲击、摩擦、自燃、发热、电气火花、静电火花、化学反应热、光线照射等。具体的做法有：①控制明火和高温表面。②防止摩擦和撞击产生火花。③火灾爆炸危险场所采用防爆电气设备避免电气火花。

限制火灾、爆炸蔓延扩散的措施：阻火装置、防爆泄压装置及防火防爆分隔等。

（三）危险化学品的储存和运输安全

1. 危险化学品储存的安全技术和要求

①储存危险化学品必须遵照国家法律、法规和其他有关规定。

②危险化学品必须储存在经公安部门批准设置的专门的危险化学品仓库内，经销部门自管仓库储存危险化学品及储存数量必须经公安部门批准，未经批准不得随意设置危险化学品储存仓库。

③危险化学品露天堆放，应符合防火、防爆的安全要求；爆炸物品、一级易燃物品、遇湿燃烧物品、剧毒物品不得露天堆放。

④储存危险化学品的仓库必须配备有专业知识的技术人员，其库房及场所应设专人管理，管理人员必须配备可靠的个人安全防护用品。

⑤储存的危险化学品应有明显的标志，同一区域储存两种或两种以上不同级别的危险化学品时，应按最高等级危险化学品的性能标志。

⑥危险化学品储存方式分为三种：隔离储存、隔开储存、分离储存。

⑦根据危险化学品性能分区、分类、分库储存。各类危险化学品不得与禁忌物混合储存。

⑧储存危险化学品的建筑物、区域内严禁吸烟和使用明火。

2. 危险化学品运输的安全技术和要求

化学品在运输中发生事故的情况比较常见，全面了解并掌握有关化学品的安全运输规定，对降低运输事故具有重要意义。

①国家对危险化学品的运输实行资质认定制度，未经资质认定，不得运输危险化学品。

②托运危险物品必须出示有关证明，在指定的铁路、公路交通、航运等部门办理手续。托运物品必须与托运单上所列的品名相符。

③危险物品的装卸人员，应按装运危险物品的性质，佩戴相应的防护用品，装卸时必须轻装轻卸，严禁摔拖、重压和摩擦，不得损毁包装容器，并注意标志，堆放稳妥。

④危险物品装卸前，应对车（船）搬运工具进行必要的通风和清扫，不得

留有残渣，对装有剧毒物品的车（船），卸车（船）后必须洗刷干净。

⑤装运爆炸、剧毒、放射性、易燃液体、可燃气体等物品，必须使用符合安全要求的运输工具；禁忌物料不得混运；禁止用电瓶车、翻斗车、铲车、自行车等运输爆炸物品。运输强氧化剂、爆炸品及用铁桶包装的一级易燃液体时，没有采取可靠的安全措施时，不得用铁底板车及汽车挂车；禁止用叉车、铲车、翻斗车搬运易燃、易爆液化气体等危险物品；温度较高地区装运液化气体和易燃液体等危险物品，要有防晒设施；放射性物品应用专用运输搬运车和抬架搬运，装卸机械应按规定负荷降低25％的装卸量；遇水燃烧物品及有毒物品，禁止用小型机帆船、小木船和水泥船承运。

⑥运输爆炸、剧毒和放射性物品，应指派专人押运，押运人员不得少于2人。

⑦运输危险物品的车辆，必须保持安全车速，保持车距，严禁超车、超速和强行会车。运输危险物品的行车路线，必须事先经当地公安交通运输部门批准，按指定的路线和时间运输，不可在繁华街道行驶和停留。

⑧运输易燃、易爆物品的机动车，其排气管应装阻火器，并悬挂"危险品"标志。

⑨运输散装固体危险物品，应根据性质，采取防火、防爆、防水、防粉尘飞扬和遮阳等措施。

⑩禁止利用内河以及其他封闭水域运输剧毒化学品。通过公路运输剧毒化学品的，托运人应当向目的地的县级人民政府公安部门申请办理剧毒化学品公路运输通行证。办理剧毒化学品公路运输通行证时，托运人应当向公安部门提交有关危险化学品的品名、数量、运输始发地和目的地、运输路线、运输单位、驾驶人员、押运人员、经营单位和购买单位资质情况的材料。

⑪运输危险化学品需要添加抑制剂或者稳定剂的，托运人交付托运时应当添加抑制剂或者稳定剂，并告知承运人。

⑫危险化学品运输企业，应当对其驾驶员、船员、装卸管理人员、押运人员进行有关安全知识培训。驾驶员、装卸管理人员、押运人员必须掌握危险化学品运输的安全知识，并经所在地设区的市级人民政府交通运输部门考核合格；船员经海事管理机构考核合格，取得上岗资格证，方可上岗作业。

（四）危险化学品的泄漏处理和废弃物销毁

1. 泄漏处理及火灾控制

（1）泄漏处理

①泄漏源控制。利用截止阀切断泄漏源，在线堵漏减少泄漏量或利用备用泄料装置使其安全释放。

②泄漏物处理。现场泄漏物要及时地进行覆盖、收容、稀释、处理。在处理时，还应按照危险化学品特性，采用合适的方法处理。

(2) 火灾控制

灭火一般注意事项：

①正确选择灭火剂并充分发挥其效能。常用的灭火剂有水、水蒸气、二氧化碳、干粉和泡沫等。由于灭火剂的种类较多，效能各不相同，所以在扑救火灾时，一定要根据燃烧物料的性质、设备设施的特点、火源点部位（高、低）及其火势等情况，要选择冷却、灭火效能特别高的灭火剂扑救火灾，充分发挥灭火剂各自的冷却与灭火的最大效能。

②注意保护重点部位。例如，当某个区域内有大量易燃易爆或毒性化学物质时，就应该把这个部位作为重点保护对象，在实施冷却保护的同时，要尽快地组织力量消灭其周围的火源点，以防灾情扩大。

③防止复燃复爆。人们将火灾消灭以后，要留有必要数量的灭火力量继续冷却燃烧区内的设备、设施、建（构）筑物等，消除着火源，同时将泄漏出的危险化学品及时处理。对可以用水灭火的场所要尽量使用蒸汽或喷雾水流稀释，排除空间内残存的可燃气体或蒸气，以防止复燃复爆。

④防止高温危害。火场上高温的存在不仅造成火势蔓延扩大，也会威胁灭火人员安全。可以使用喷水降温、利用掩体保护、穿隔热服装保护、定时组织换班等方法避免高温危害。

⑤防止毒害危害。发生火灾时，可能出现一氧化碳、二氧化碳、二氧化硫、光气等有毒物质。在扑救时，应当设置警戒区，进入警戒区的抢险人员应当佩戴个体防护装备，并采取适当的手段消除毒物。

几种特殊化学品火灾扑救注意事项：

①扑救气体类火灾时，切忌盲目扑灭火焰，在没有采取堵漏措施的情况下，必须保持稳定燃烧。否则，大量可燃气体泄漏出来与空气混合，遇点火源就会发生爆炸，造成严重后果。

②扑救爆炸物品火灾时，切忌用沙土盖压，以免增强爆炸物品的爆炸威力；另外扑救爆炸物品堆垛火灾时，水流应采用吊射，避免强力水流直接冲击堆垛，以免堆垛倒塌引起再次爆炸。

③扑救遇湿易燃物品火灾时，绝对禁止用水、泡沫、酸碱等湿性灭火剂扑救。一般可使用干粉、二氧化碳、卤代烷扑救，但钾、钠、铝、镁等物品用二氧化碳、卤代烷无效。固体遇湿易燃物品应使用水泥、干砂、干粉、硅藻土等覆盖。对镁粉、铝粉等粉尘，切忌喷射有压力的灭火剂，以防止将粉尘吹扬起来，引起粉尘爆炸。

④扑救易燃液体火灾时,比水轻又不溶于水的液体用直流水、雾状水灭火往往无效,可用普通蛋白泡沫或轻泡沫扑救;水溶性液体最好用抗溶性泡沫扑救。

⑤扑救毒害和腐蚀品的火灾时,应尽量使用低压水流或雾状水,避免腐蚀品、毒害品溅出;遇酸类或碱类腐蚀品最好调制相应的中和剂稀释中和。

⑥易燃固体、自燃物品火灾一般可用水和泡沫扑救,只要控制住燃烧范围,逐步扑灭即可。但有少数易燃固体、自燃物品的扑救方法比较特殊。如2,4－二硝基苯甲醚、二硝基萘、萘等是易升华的易燃固体,受热放出易燃蒸气,能与空气形成爆炸性混合物,尤其是在室内,易发生爆炸。在扑救过程中应不时向燃烧区域上空及周围喷射雾状水,并消除周围一切点火源。

2. 废弃物销毁

(1) 固体废弃物的处置

①危险废弃物。使危险废弃物无害化采用的方法是使它们变成高度不溶性的物质,也就是固化－稳定化的方法。目前常用的固化－稳定化方法有:水泥固化、石灰固化、塑性材料固化、有机聚合物固化、自凝胶固化、熔融固化和陶瓷固化。

②工业固体废弃物。工业固体废弃物是指在工业、交通等生产过程中产生的固体废弃物。一般工业废弃物可以直接进入填埋场进行填埋。对于粒度很小的固体废弃物,为了防止填埋过程中引起粉尘污染,可装入编织袋后填埋。

(2) 爆炸性物品的销毁

凡确认不能使用的爆炸性物品,必须予以销毁,在销毁以前应报告当地公安部门,选择适当的地点、时间及销毁方法。一般可采用以下方法:爆炸法、烧毁法、溶解法、化学分解法。

3. 有机过氧化物废弃物处理

有机过氧化物是一种易燃、易爆品。其废弃物应从作业场所清除并销毁,其方法主要取决于该过氧化物的物化性质,根据其特性选择合适的方法处理,以免发生意外事故。处理方法主要有:分解,烧毁,填埋。

二、水利水电施工企业危险品管理

(一) 水利水电施工企业危险化学品管理一般要求

①贮存、运输和使用危险化学品的单位,应建立健全危险化学品安全管理制度,建立事故应急救援预案,配备应急救援人员和必要的应急救援器材、设备、物资,并应定期组织演练。

②贮存、运输和使用危险化学品的单位,应当根据消防安全要求,配备消

防人员，配置消防设施以及通信、报警装置。

③仓库应有严格的保卫制度，人员出入应有登记制度。

④贮存危险化学品的仓库内严禁吸烟和使用明火，对进入库区内的机动车辆应采取防火措施。

⑤严格执行有毒有害物品入库验收，出库登记和检查制度。

⑥使用危险化学品的单位，应根据化学危险品的种类、性质，设置相应的通风、防火、防爆、防毒、监测、报警、降温、防潮、避雷、防静电、隔离操作等安全设施。

⑦危险化学品仓库四周，应有良好的排水，设置刺网或围墙，高度不小于2m，与仓库保持规定距离，库区内严禁有其他可燃物品。

⑧危险化学品应分类分项存放，堆垛之间的主要通道应有安全距离，不应超量储存。

(二) 水利水电施工企业易燃物品的安全管理

1. 易燃物品的储存

①贮存易燃物品的仓库应执行审批制度的有关规定，并遵守下列规定：

第一，库房建筑宜采用单层建筑；应采用防火材料建筑；库房应有足够的安全出口，不宜少于两个；所有门窗应向外开。

第二，库房内不宜安装电器设备，如需安装时，应根据易燃物品性质，安装防爆或密封式的电器及照明设备，并按规定设防护隔墙。

第三，仓库位置宜选择在有天然屏障的地区，或设在地下、半地下，宜选在生活区和生产区年主导风向的下风侧。

第四，不应设在人口集中的地方，与周围建筑物间，应留有足够的防火间距。

第五，应设置消防车通道和与贮存易燃物品性质相适应的消防设施；库房地面应采用不易打出火花的材料。

第六，易燃液体库房，应设置防止液体流散的设施。

第七，易燃液体的地上或半地下贮罐应按有关规定设置防火堤。

②分类存放在专门仓库内。与一般物品以及性质互相抵触和灭火方法不同的易燃、可燃物品，应分库贮存，并标明贮存物品名称、性质和灭火方法。

③堆存时，堆垛不应过高、过密，堆垛之间，以及堆垛与堤墙之间，应留有一定间距，通道和通风口，主要通道的宽度不应小于2m，每个仓库应规定贮存限额。

④遇水燃烧、爆炸和怕冻、易燃、可燃的物品，不应存放在潮湿、露天、低温和容易积水的地点。库房应有防潮、保温等措施。

⑤受阳光照射容易燃烧、爆炸的易燃、可燃物品，不应在露天或高温的地方存放。应存放在温度较低、通风良好的场所，并应设专人定时测温，必要时采取降温及隔热措施。

⑥包装容器应当牢固、密封，发现破损、残缺、变形、渗漏和物品变质、分解等情况时，应立即进行安全处理。

⑦在入库前，应有专人负责检查，对可能带有火险隐患的易燃、可燃物品，应另行存放，经检查确无危险后，方可入库。

⑧性质不稳定、容易分解和变质以及混有杂质而容易引起燃烧、爆炸的易燃、可燃物品，应经常进行检查、测温、化验，防止燃烧、爆炸。

⑨贮存易燃、可燃物品的库房，露天堆垛，贮罐规定的安全距离内，严禁进行试验、分装、封焊、维修、动用明火等可能引起火灾的作业和活动。

⑩库房内不应设办公室、休息室，不应住人，不应用可燃材料搭建货架；仓库区应严禁烟火。

⑪库房不宜采暖，如贮存物品需防冻时，可用暖气采暖；散热器与易燃、可燃物品堆垛应保持安全距离。

⑫对散落的易燃、可燃物品应及时清除出库。

⑬易燃、可燃液体贮罐的金属外壳应接地，防止静电效应起火，接地电阻应不大于 10Ω。

2. 易燃物品的使用

①使用易燃物品，应有安全防护措施和安全用具，建立和执行安全技术操作规程和各种安全管理制度，严格用火管理制度。

②易燃、易爆物品进库、出库、领用，应有严格的制度。

③使用易燃物品应指定专人管理。

④使用易燃物品时，应加强对电源、火源的管理，作业场所应备足相应的消防器材，严禁烟火。

⑤遇水燃烧、爆炸的易燃物品，使用时应防潮、防水。

⑥怕晒的易燃物品，使用时应采取防晒、降温、隔热等措施。

⑦怕冻的易燃物品，使用时应保温、防冻。

⑧性质不稳定、容易分解和变质以及性质互相抵触和灭火方法不同的易燃物品应经常检查，分类存放，发现可疑情况时，及时进行安全处理。

⑨作业结束后，应及时将散落、渗漏的易燃物品清除干净。

(三) 水利水电施工企业有毒有害物品的安全管理

1. 有毒有害物品的储存

①有毒有害物品贮存库房应符合下列要求：

第一，化学毒品应贮存丁专设的仓库内，库内严禁存放与其性能有抵触的物品。

第二，库房墙壁应用防火防腐材料建筑；应有避雷接地设施，应有与毒品性质相适应的消防设施。

第三，仓库应保持良好的通风，有足够的安全出口。

第四，仓库内应备有防毒、消毒、人工呼吸设备和备有足够的个人防护用具。

第五，仓库应与车间、办公室、居民住房等保持一定安全防护距离。安全防护距离应同当地公安局、劳动、环保等主管部门根据具体情况决定，但不宜少于100m。

②有毒有害物品应储存在专用仓库、专用储存室（柜）内，并设专人管理，剧毒化学品应实行双人收发、双人保管制度。

③化学毒品库，应建立严格的进、出库手续，详细记录入库、出库情况。记录内容应包括：物品名称，入库时间，数量来源和领用单位、时间、用途，领用人，仓库发放人等。

2.有毒有害物品的使用

①使用有毒物品作业的单位应当使用符合国家标准的有毒物品，不应在作业场所使用国家明令禁止使用的有毒物品或者使用不符合国家标准的有毒物品。

②使用有毒物品作业场所，除应当符合职业病防治法规定的职业卫生要求外，还应符合下列要求：

第一，作业场所与生活场所分开，作业场所不应住人。

第二，有害作业场所与无害作业场所分开，高毒作业场所与其他作业场所隔离。

第三，设置有效的通风装置；可能突然泄漏大量有毒物品或者易造成急性中毒的作业场所，设置自动报警装置和事故通风设施。

第四，高毒作业场所设置应急撤离通道和必要的泄险区。

第五，在其醒目位置，设置警示标志和中文警示说明；警示说明应当载明产生危害的种类、后果、预防以及应急救治措施等内容。

第六，使用有毒物品作业场所应当设置黄色区域警示线、警示标志；高毒作业场所应当设置红色区域警示线、警示标志。

③从事使用高毒物品作业的用人单位，应当配备应急救援人员和必要的应急救援器材、设备、物资，制订事故应急救援预案，并根据实际情况变化对应急救援预案适时进行修订，定期组织演练。

④使用单位应当确保职业中毒危害防护设备、应急救援设施、通信报警装置处于正常使用状态,不应擅自拆除或者停止运行。对其进行经常性的维护、检修,定期检测其性能和效果,确保其处于良好运行状态。

⑤有毒物品的包装应当符合国家标准,并以易于劳动者理解的方式加贴或者拴挂有毒物品安全标签。有毒物品的包装应有醒目的警示标志和中文警示说明。

⑥使用化学危险物品,应当根据化学危险物品的种类、性能,设置相应的通风、防火、防爆、防毒、监测、报警、降温、防潮、避雷、防静电、隔离操作等安全设施。并根据需要,建立消防和急救组织。

⑦盛装有毒有害物品的容器,在使用前后,应进行检查,消除隐患,防止火灾、爆炸、中毒等事故发生。

⑧化学毒品领用,应遵守下列规定:

第一,化学毒品应经单位主管领导批准,方可领取,如发现丢失或被盗,应立即报告。

第二,使用保管化学毒品的单位,应指定专人负责,领发人员有权负责监督投入生产情况。一次领用量不应超过当天所用数量。

第三,化学毒品应放在专用的橱柜内,并加锁。

⑨禁止在使用化学毒品的场所,吸烟、就餐、休息等。

⑩使用化学毒品的工作人员,应穿戴专用工作服、口罩、橡胶手套、围裙、防护眼镜等个人防护用品;工作完毕,应更衣洗手、漱口或洗澡;应定期进行体检。

⑪使用化学毒品场所、车间还应备有防毒用具、急救设备。操作者应熟悉中毒急救常识和有关安全卫生常识;发生事故应采取紧急措施,保护好现场,并及时报告。

⑫使用化学毒品场所或车间,应有良好的通风设备,保证空气清洁,各种工艺设备应尽量密闭,并遵守有关的操作工艺规程;工作场所应有消防设施,并注意防火。

⑬工作完毕,应清洗工作场所和用具;按照规定妥善处理废水、废气、废渣。

⑭销毁、处理有燃烧、爆炸、中毒和其他危险的废弃有毒有害物品,应当采取安全措施,并征得所在地公安和环境保护等部门同意。

(四)水利水电施工企业油库的安全管理

①应根据实际情况,建立油库安全管理制度、用火管理制度、外来人员登记制度、岗位责任制和具体实施办法。

②油库员工应懂得所接触油品的基本知识，熟悉油库管理制度和油库设备技术操作规程。

③在油库与其周围不应使用明火；因特殊情况需要用火作业的，应当按照用火管理制度办理用火证，用火证审批人应亲自到现场检查，防火措施落实后，方可批准。危险区应指定专人防火，防火人有权根据情况变化停止用火。用火人接到用火证后，要逐项检查防火措施，全部落实后方可用火。

④罐装油品的贮存保管，应遵守下列规定：第一，油罐应逐个建立分户保管账，及时准确记载油品的收、发、存数量，做到账货相符。第二，油罐储油不应超过安全容量。第三，对不同品种不同规格的油品，应实行专罐储存。

⑤桶装油品的贮存保管，应遵守下列规定：

保管要求：第一，执行夏秋、冬春季定量灌装标准，并做到标记清晰、桶盖拧紧、无渗漏。第二，对不同品种、规格、包装的油品，应实行分类堆码，建立货堆卡片，逐月盘点数量，定期检验质量，做到货、卡相符。第三，润滑脂类，变压器油、电容器油、汽轮机油、听装油品及工业用汽油等应入库保管，不应露天存放。

库内堆垛要求：第一，油桶应立放，宜双行并列，桶身紧靠。第二，油品闪点在28℃以下的，不应超过2层；闪点在28～45℃的，不应超过3层，闪点在45℃以上的，不应超过4层。第三，桶装库的主通道宽度不应小于1.8m，垛与垛的间距不应小于1m，垛与墙的间距不应小于0.25～0.5m。

露天堆垛要求：第一，堆放场地应坚实平整，高出周围地面0.2m，四周有排水设施。第二，卧放时应做到：双行并列，底层加垫，桶口朝外，大口向上，垛高不超过3层；放时要做到：下部加垫，桶身与地面成75°角，大口向上。第三，堆垛长度不应超过25m，宽度不应超过15m，堆垛内排与排的间距，不应小于1m；垛与垛的间距，不应小于3m。第四，汽、煤油要斜放，不应卧放。润滑油要卧放，立放时应加以遮盖。

⑥油库消防器材的配置与管理：

灭火器材的配置：第一，加油站油罐库罐区，应配置石棉被、推车式泡沫灭火机、干粉灭火器及相关灭火设备。第二，各油库、加油站应根据实际情况制订应急救援预案，成立应急组织机构。消防器材摆放的位置、品名、数量应绘成平面图并加强管理，不应随便移动和挪作他用。

消防供水系统的管理和检修：第一，消防水池要经常存满水。池内不应有水草杂物。第二，地下供水管线要常年充水，主干线阀门要常开。地下管线每隔2～3年，要局部挖开检查，每半年应冲洗一次管线。第三，消防水管线（包括消火栓），每年要做一次耐压试验，试验压力应不低于工作压力的1.5

倍。第四，每天巡回检查消火栓。每月做一次消火栓出水试验。距消火栓 5m 范围内，严禁堆放杂物。第五，固定水泵要常年充水，每天做一次试运转，消防车要每天发动试车并按规定进行检查、养护。第六，消防水带要盘卷整齐，存放在干燥的专用箱里，防止受潮霉烂。每半年对全部水带按额定压力做一次耐压试验，持续 5min，不漏水者合格。使用后的水带要晾干收好。

消防泡沫系统的管理和检修：第一，灭火剂的保管：空气泡沫液应储存于温度在 5～40℃的室内，禁止靠近一切热源，每年检查一次泡沫液沉淀状况。化学泡沫粉应储存在干燥通风的室内，防止潮结。酸碱粉（甲、乙粉）要分别存放，堆高不应超过 1.5m，每半年将储粉容器颠倒放置一次。灭火剂每半年抽验一次质量，发现问题及时处理。第二，对化学泡沫发生器的进出口，每年做一次压差测定；空气泡沫混合器，每半年做一次检查校验；化学泡沫室和空气泡沫产生器的空气滤网，应经常刷洗，保持不堵不烂，隔封玻璃要保持完好。第三，各种泡沫枪、钩管、升降架等，使用后都应擦净、加油，每季进行一次全面检查。第四，泡沫管线，每半年用清水冲洗一次；每年进行一次分段试压，试验压力应不小于 1.18MPa，5min 无渗漏。第五，各种灭火机，应避免曝晒、火烤，冬季应有防冻措施，应定期换药，每隔 1～2 年进行一次筒体耐压试验，发现问题及时维修。

第三节　机电设备安装安全管理

一、泵站主机泵安装的安全技术

（一）水泵部件拆装检查

①利用起重机械将水泵吊放至拆装现场，应对水泵进行拆装检查及必要的清洗。

②拆装现场搭设的临时设施应满足防风、防雨、防尘及消防要求；施工现场应保持清洁并有足够的照明及相应的安全防护设施。

③主泵零件结合面的浮锈、油污及所涂保护层应清理消除。使用脱漆剂等清扫设备时，作业人员应戴口罩、防护眼镜和防护手套，严防溅落在皮肤和眼睛上；清扫现场应进行隔离，15m 范围内不得动火（及打磨）作业；清扫现场应配备足够数量的灭火器。

④安装设备、工器具和施工材料应堆放整齐，场地应保持清洁，通道畅通，应"工完、料净、场清"，做到文明生产。

(二) 水泵固定、转动部分安装

①水泵机组安装时,应先安装固定部分、后安装转动部分。各部件在安装过程中,应严格遵守安装安全技术措施要求。

②水泵固定部分安装前,应对施工现场的杂物及积水进行清理,并设机坑排水设施,检查合格后方可安装。

③施工现场应配备足够的照明,配电盘应设置漏电和过电流保护装置。潮湿部位应使用不大于24V的照明设备,泵壳内应使用不大于12V的照明设备,不得将行灯变压器带入泵壳内使用。

④水泵固定部件安装前,应预先在底部进水池内安装钢支撑架,钢支撑架的强度应能满足全部承载件重量的2倍,将轮毂、中心叶轮依次吊放在支撑架上,并做好稳固措施。

⑤水泵层标高、中心等位置性标记的标示应清晰、牢靠,且进行有效防护。

⑥伸缩节、进水锥管、底座安装时,应保证充足照明,千斤顶、拉伸器等应固定牢靠。

⑦吊装水泵主轴时,应采取防止主轴起吊时发生旋转措施,在主轴下法兰处垫设方木加以防护,人员撤离至安全位置。

⑧在泵主轴吊装接近填料函法兰口处,在法兰四周应采用合适的橡胶板或纸质板条导向防护,并保证四周间隙均匀。

⑨连接主轴和叶轮时,应有专人指挥。楔紧螺栓连接时应使用配套的力矩扳手或专用工具。叶轮运位时,楔子应对称、均匀楔紧。确认支撑平稳后,方可松去吊钩。在四周设置防护栏,并悬挂警示标志。

(三) 水泵主轴和电机主轴连接

①吊装时,应对起重机械和专用吊具进行全面检查,制动系统应重新进行调整试验,应有专人指挥,指挥人员和操作人员应配备专用通信设备。

②当电机主轴完成试吊并提升到一定高度后,可清扫电机主轴法兰和水泵主轴等部位,如需用扁铲或平光机打磨时,应戴防护眼镜。需要采用电焊、气焊作业时应及时清除化学溶剂、抹布等易燃物后再进行作业,并有专人监护。

③电机主轴应缓慢穿过定子和下机架中心,定子周围应采用合适的导向橡胶板或纸质板条导向防护,保证四周间隙均匀。站在定子上方的人员应选择合适的站立位置,不得踩踏定子绕组。

④联轴采用锤击法紧回螺栓时,扳手应紧靠,与螺母配合尺寸应一致。锤击人员与扶扳手的人员应错开角度。高处作业时,应搭设牢固的工作平台,扳手及工器具应用绳索系住。

（四）定子、转子吊装

1. 定子安装

①起吊定子前，应对桥机及轨道进行检查、维护和保养。

②起吊平衡梁与定子组装时，连接螺栓应用专用扳手紧固。

③应核对定子吊装方位，清除障碍物，检查、测量吊钩的提升高度是否满足起吊要求。

④起重指挥、操作人员及其他相关人员应明确分工，各司其职。吊运中，噪声较大的施工应暂停作业。

⑤定子安装调整时，应在对称、均布的八个方向各放置一个千斤顶，配以钢支撑进行定子径向调整，严禁超负荷使用千斤顶，同时应检测定子局部变形。

2. 转子吊装

转子吊装准备工作应符合下列规定：①吊装前，应对起重机械和吊具进行全面检查，制动系统应重新进行调整试验。采用两台桥机吊装时，应制定专项吊装方案，进行并车试验，并保证起吊电源可靠。②吊装前，应制定安全技术措施和应急预案，并进行安全技术交底，指定专人统一指挥。③转子吊装前，应计算好起吊高度，制定好起吊路线，并应清理路线内妨碍吊装的障碍物。④吊具安装完成后，应经过认真检查、确认连接正确到位无误后，方可进行吊装。⑤吊转子使用的导向橡胶或纸质板条、对讲机等有关工器具应准备就绪。

转子吊装应符合下列规定：①应缓慢起升转子，原位进行三次起落试验，检查桥机主钩制动情况，必要时进行调整。②当转子完成试吊提升到一定的高度后，可清扫法兰、制动环等转子底部各部位，用扁铲或砂轮机打磨时，应戴防护眼镜。③当转子吊装定子时，应缓慢下降，硬度计定子上方周围派人手持导向橡胶板或纸质板条插入定子、转子空气间隙中，并不停上下抽动，预防定子、转子碰撞挤伤。定子上方宜采用专用工作平台，供人员站立，不得踩踏定子绕组。④应利用起重机械配合进行转子下法兰与下端轴上法兰对正调整。采用锤击法紧固螺栓时，扳手应紧靠，与螺母配合尺寸应一致。锤击人员与扶扳手的人员应错开角度。高处作业时，应搭设牢固的工作平台，扳手应用绳索系住。⑤吊装过程中严禁将手伸入组合面之间。

二、水电站水轮机安装的安全技术

（一）水轮机的清扫与组合

①露天场所清扫组装设备，应搭设临时工棚。工棚应满足设备清扫组装时的防雨、防尘及消防要求。

②组合分瓣大件时，应先将一瓣调平垫稳，支点不得少于3点。组合第二瓣时，应防止碰撞，工作人员手脚严禁伸入组合面，应对称拧紧组合螺栓，位置均匀对称分布且只数不得少于4个，设备垫稳后，方可松开吊钩。

③设备翻身时，设备下方应设置方木或软质垫层予以保护。翻身时，钢丝绳与设备棱角接触的位置应垫保护材料，且应设置警戒区，设备下方严禁有人行走或逗留。翻身副钩起吊能力不低于设备本身重量的1.2倍。

④用加热法紧固组合螺栓时，作业人员应戴防护手套，防止烫伤。直接用加热棒加热螺栓时，工件应做好接地保护，加热所用的电源应配备漏电保护开关，作业人员应穿绝缘鞋、佩戴绝缘手套。

⑤进入转轮体内或轴孔内等封闭空间清扫时，不应单独作业，且连续作业时间不宜过长，应配备符合要求的通风设备和个人防护用品，转轮体内或轴孔内存在可燃气体及粉尘时，应使用防爆器具，并设专人监护。

⑥用液压拉伸工具紧固组合螺栓时，操作前应检查液压泵、高压软管及接头是否完好。升压应缓慢，如发现渗漏，应立即停止作业，操作人员应避开喷射方向。升压过程中，严防活塞超过工作行程；操作人员应站在安全位置，严禁将头和手伸到拉伸器上方。

⑦有力矩要求的螺栓连接时，应使用有配套的力矩扳手或专用工具进行连接，不得使用呆扳手或配以加长杆的方法进行拧紧。

⑧定期对起吊设备的吊钩、钢丝绳、限位器进行检查，确定系统是否可靠，班前班后应做好设备常规检查、设备运行记录和交班记录，使用过程中应经常保养，避免碰撞。

(二) 埋件安装

1. 尾水管安装

①尾水管安装前，应对施工现场的杂物、积水进行清理排除，并设置机轮机坑排水设施。

②潮湿部位应使用不大于24V照明设备和灯具，尾水管衬内应使用不大于12V的照明设备和灯具，不应将行灯变压器带入尾管内使用。

③在安装部位应设置必要的人行通道、工作平台和爬梯，爬梯应设扶手，通道及工作临边应设置护栏和安全网等设施。

④在尾水管内作业时，使用电焊机、角磨机等电气设备时，应对设备电缆（线）进行检查，不得有破损现象。电缆（线）应悬挂布置，不得随意拖曳，避免损坏电缆（线）造成漏电。

⑤拆除平台、爬梯等设施时，应采取可靠的防倾覆、防坠落安全措施。

⑥尾水管内支撑拆除应符合下列规定：第一，拆除前，除拆除工作所用的

跳板外，其他可燃材料应全部清除出去，并确保尾水管内通风良好。第二，内支撑拆除前应制订拆除方案，并进行安全技术交底。第三，内支撑拆除应从上向下逐层拆除。第四，爬梯应固定牢固，并设有护笼。第五，内支撑平台应采用防火材料，并配有消防器材，平台上不得存放拆除的内支撑。以尾水管内支撑作为安全平台时，应对内支撑的安全强度进行验算，并对内支撑焊缝进行检查。第六，不得将拆除的内支撑直接丢入尾水管下部。第七，内支撑吊出前，应对绳索绑扎情况进行检查；吊出机坑时，施工人员应及时撤离。

⑦尾水管防腐涂漆应符合下列规定：第一，尾水管里衬防腐涂擦时，应使用不大于12V的照明设备和灯具。第二，尾水管里衬防腐涂漆时，现场严禁有明火作业。第三，防腐涂漆现场应布置足够的消防设施。第四，涂漆工作平台及脚手架应经联合验收，并悬挂验收合格证书方可拉入使用。第五，防腐施工时，施工人员应配备防毒面具及其他防护用具，现场应设置通风及除尘等设施。

2. 座环与蜗壳安装

①施工部位应按相关规定架设牢固的工作平台和脚手架。

②使用电动工具对分瓣座环焊接坡口进行打磨处理时，应遵循有关安全操作规程要求。

③采用双机抬吊或土法等非常规手段吊装座环时，应编制起重专项方案。专项方案应按程序经审批后实施。

④安装蜗壳时，焊在蜗壳环节上的吊环位置应合适，吊环应采用双面焊接且强度满足起吊要求。蜗壳各环节就位后，应用临时拉紧工具固定，下部用千斤顶支牢，然后方可松去吊钩。蜗壳挂装时，当班应按要求完成加固工作。

⑤蜗壳各焊缝的压板等调整工具，应焊接牢固。

⑥在蜗壳内进行防腐、环氧灌浆或打磨作业时，应配备照明、防火、防毒、通风及除尘等设施。

⑦埋件焊缝探伤时，应采取必要的安全防护措施。探伤作业应设置警戒线和警示标志，进行射线探伤时，作业部位周围施工人员应撤离。

⑧埋件需在现场机加工时，应遵守机加工设备的相关安全规程。

（三）导水机构安装

①机坑清扫、测定和导水机构预装时，机坑内应搭设牢固的工作平台。

②导叶吊装时，作业人员注意力应集中，严禁站在固定导叶与活动导叶之间，防止挤伤。

③吊装顶盖等大件前，组合面应清扫干净、磨平高点，吊至安装位置0.4~0.5m处，再次检查清扫安装面，此时吊物应停稳，桥机司机和起重人

员应坚守岗位。

④在蜗壳内工作时，应随身携带便携式照明设备。

⑤导叶工作高度超过 2m 时，研磨立面间隙和安装导叶密封应在牢固的工作平台上进行。

⑥水轮机室和蜗壳内的通道应保持畅通，不得将吊物作为交通通道或排水通道。

⑦采用电镀或刷镀对工件缺陷进行处理时，作业人员应做好安全防护。采用金属喷涂法处理工件缺陷时，应做好防护，防止高温灼伤。

（四）转轮安装

转浆式转轮组装应符合下列规定：①使用制造厂提供的专用工具安装部件时，应首先了解其使用方法，并检查有无缺陷和损坏情况。②转轮各部件装配时，吊点应选择合适，吊装应平稳，速度应缓慢均匀。作业人员应服从统一指挥。③装配叶片传动机构时，每吊装一件都应临时固定牢靠。④用桥机紧固螺栓时，应事先计算出紧固力矩，选好匹配的钢丝绳和卡扣。紧固过程中，应设置有效的监控手段，扳手与钢丝绳夹角宜为 75°～105°。导向滑轮位置应合适，并应采取防止扳手滑出或钢丝绳绷出的措施。⑤使用电加热器紧固螺栓时，应事先检查加热器与加热装置绝缘是否良好。作业人员应戴绝缘手套，并遵守操作规程。⑥砂轮机翻身时，应做好钢丝绳的防护工作，防止钢丝绳损伤。

混流式转轮组装应符合下列规定：①分瓣转轮组装时，应预先将支墩调平固定。卡栓烘烤时应派专人对烘箱温度进行监测，卡栓安装时应佩戴防护手套。②混流式分瓣转轮刚度试验时，力源应安全可靠，支承块焊接应牢固，工作人员应站在安全位置，服从统一指挥。③在专用临时棚内焊接分瓣转轮时，应有专门的通风排烟消防措施。当连续焊接超过 8h 时，作业人员应轮流休息。④进行静平衡实验时，应在转轮下方设置方木垫或钢支墩。焊接转轮配重块时，应将平衡球与平衡板脱离或连接专用接地线。

转轮吊装应符合下列规定：①轴流式机组安装时，转轮室内应清理干净。混流式机组安装时，应在基础环下搭设工作平台，直到充水前拆除，平台应将锥管完全封闭。②轴流式转轮吊入机坑后，如需用悬吊工具悬挂转轮，悬挂应可靠，并经检查验收后，方可继续施工。③贯流式转轮操作油管安装好后进行动作试验时，转轮室内应派专人监护。④大型水轮机转轮在机坑内调整，宜采用桥机辅助和专用工具进行调整的方法，应避免强制顶靠或锤击造成设备的损伤，甚至损坏。⑤在机坑内进行主轴水平度、垂直度测量时，在主轴法兰上的人员应系安全带。⑥进入主轴内进行清扫、焊接、设备安装等作业，应设置通风、照明、消防等设施，焊接应设专用接地线。⑦转轮吊装时机坑及转轮室应有充足安全照明。⑧转轮室工作人员应不少于3人，并配备便携式照明器具，不得一人单独工作。

（五）水导轴承与主轴密封安装

①零部件存放及安装地点，应有充足照明，并配备必要的电压不大于36V的安全行灯。

②水导轴承油槽做煤油渗漏试验时，应有防漏、防火的安全措施，不得将任何火种带入工作场所，机坑内不得进行电焊或电气试验。

③轴瓦吊装方法应稳妥可靠，单块瓦重40kg以上应采用手拉葫芦等机械方法吊运。

④导轴承油槽上端盖安装完成后，应对密封间隙进行防护。

⑤在水轮机转动部分进行电焊作业时，应安装专用接地线，以保证转动部分处于良好的接地状态。

⑥密封装置安装应排除作业部位的积水、油污及杂物。与其他工作上下交叉作业时，中间应设防护板。

⑦使用手拉葫芦安装导轴承或密封装置时，手拉葫芦应固定牢靠，部件绑扎应牢靠，吊装应平稳，工作人员应服从统一指挥。

三、水电站发电机安装的安全技术

（一）发电机设备清扫

①清扫连续作业时间不宜过长，应配备符合要求的通风设备和个人防护用品，密封空间内存在可燃气体和粉尘时，应使用防爆器具，设专人监护。

②清扫现场应配备足量的消防器材。

③露天场所清扫设备，应搭设临时工棚，工棚应满足防雨、防尘及消防等要求。

（二）基础埋设

①在发电机机坑内工作，应符合高处作业有关安全技术规定。

②下部风洞盖板、下机架及风闸基础埋设时，应架设脚手架、工作平台及安全防护栏杆，并应与水轮机室有隔离防护措施，不得将工具、混凝土渣等杂物掉入水轮机室。

③向机坑中传送材料或工具时，应用绳子或吊篮传送，不得抛掷传送。

④上层排水不得影响水轮机设备和工作。

⑤在机坑中进行电焊、气割作业时，应有防火措施，作业前应检查水轮机室及以下是否有汽油、抹布和其他易燃物，并在水轮机室设专人监护。作业完成后应检查水轮机室有无高温残留物，监护人员应彻底检查作业面下层，确认

无隐患后，方可撤离。

⑥修凿混凝土时，作业人员应戴防护眼镜，手锤、钢钎应拿牢，不得戴手套工作，并应做好周围设备的防护工作。

（三）定子组装及安装

分瓣定子组装应符合下列规定：①定子基础清扫及测定时，应制定防止落物或坠落的措施，遵守机坑作业安全技术要求。②定子在安装间进行组装时，组装场地应整洁干净。临时支墩应平稳牢固，调整用楔子板应有2/3的接触面。测圆架的中心基础板应埋设牢靠。③定子在机坑内组装时，机坑外围应设置安全栏杆和警示标志，栏杆高度应满足安全要求。④机坑内工作平台应牢固，孔洞应封堵，并设置安全网和警示标志。使用测圆架调整定子中心和圆度时，测圆架的基础应有足够的刚度，并与工作平台分开设置，工作平台应有可靠的梯子和栏杆。⑤分瓣定子起吊前应确保起吊工具安全可靠，钢丝绳无断丝、磨损，吊运应有专人负责和专人指挥。⑥分瓣定子组合，第一瓣定子就位时，应临时固定牢靠，经检查确认垫稳后，方可松开吊钩。此后应每吊一瓣定子与前一瓣定子组合成整体，组合螺栓全部套上，均匀地拧紧1/3以上的螺栓，并支垫稳妥后，方可松开吊钩，直到组合成整体。⑦定子组合时，作业人员的手严禁伸进组合面之间。上下定子应设置爬梯，不得踩踏线圈。紧固组合螺栓时，应有可靠的工作平台和栏杆。⑧对定子机座组合缝进行打磨时，作业人员应戴防护镜和口罩。⑨在定子的任何部位施焊或气割时，应遵守焊接安全操作规程并派专人监护，严防火灾。

定子安装和调整应符合下列规定：①定子吊装应编制专项安全技术措施及应急预案，并成立专门的组织机构。②定子吊装前应对桥机进行全面检查，逐项确认，应确保桥机电源正常可靠。③定子吊装时，应由专人负责统一指挥；定子起吊前应检查桥机起升制动器。④定子安装调整时，测量中心的求心器装置应装在发电机层。测量人员在机坑内的工作平台，应有一定的刚度要求，且应有上下梯子、走道及栏杆等。⑤定子在机坑调整工程中，应在孔洞部位搭设安全网，高处作业人员必须系安全带。

（四）转子组装

转子支架组装和焊接应符合下列规定：①转子支架组焊场地应通风良好，配备灭火器材。②中心体、轮臂或圆盘支架焊缝坡口打磨时，操作人员应佩戴口罩、防护镜等防护用品。③轮臂或圆盘支架挂装时，中心体应先调平并支撑平稳牢固。轮臂或圆盘支架对称挂装，垫、放稳后，应穿入4个以上螺栓，并初步拧紧后方可松去吊钩。④作业人员上下转子支架应设置爬梯。⑤在专用临时棚内焊接转子支架时，应有专门的通风排烟及消防措施。⑥轮臂连接或圆盘组装时,轮臂或圆盘支架的扇形体与中心体应连接可靠并垫平稳后,方可松开吊钩。⑦转子焊接时,应设置专用引弧板,引弧部位材质应与母材相同。不应在工件上引弧。焊接完成后,应割除引弧板并对焊接接口部位进行打磨。⑧对焊缝进行探伤检查时,应设置警戒线和警示标志。⑨转子喷漆前应对转子进行彻底清扫,转子上不得有任何灰尘、油污或金属颗粒。对非喷漆部位应进行防护。⑩涂料存放场、喷漆场地应通风良好,并配备相应的灭火器材。设置明显的防火安全警示标志,喷漆场地应隔离。

第四节 施工现场用电安全管理

一、接地(接零)与防雷安全技术

(一)接地与接零

①保护零线除应在配电室或总配电箱处做重复接地外,还应在配电线路的中间处和末端处重复接地。保护零线每一重复接地装置的接地电阻值应不大于 10Ω。

②每一接地装置的接地线应采用两根以上导体,在不同点与接地装置做电气连接。不应用铝导体做接地体或地下接地线。垂直接地体宜采用角钢、钢管或圆钢,不宜采用螺纹钢材。

③电气设备应采用专用芯线做保护接零,此芯线严禁通过工作电流。

④手持式用电设备的保护零线,应在绝缘良好的多股铜线橡皮电缆内。其截面不应小于 $1.5mm^2$,其芯线颜色为绿/黄双色。

⑤Ⅰ类手持式用电设备的插销上应具备专用的保护接零(接地)触头。所用插头应能避免将导电触头误作接地触头使用。

⑥施工现场所有用电设备,除作保护接零外,应在设备负荷线的首端处设置有可靠的电气连接。

(二)防雷

①在土壤电阻率低于 $200\Omega \cdot m$ 区域的电杆可不另设防雷接地装置,但在配电室的架空进线或出线处应将绝缘子铁脚与配电室的接地装置相连接。

②施工现场内的起重机、井字架及龙门架等机械设备,若在相邻建筑物、构筑物的防雷装置的保护范围以外,应按表5-1的规定安装防雷装置。

表5-1　　　施工现场内机械设备需安装防雷装置的规定

地区年平均雷暴日/d	机械设备高度/m
≤15	≥50
>15，<40	≥32
≥40，<90	≥20
≥90及雷害特别严重的地区	≥12

③防雷装置应符合以下要求：

第一，施工现场内所有防雷装置的冲击接地电阻值不应大于30Ω。

第二，各机械设备的防雷引下线可利用该设备的金属结构体，但应保证电气连接。

第三，机械设备上的避雷针（接闪器）长度应为1～2m。塔式起重机可不另设避雷针（接闪器）。

第四，安装避雷针的机械设备所用动力、控制、照明、信号及通信等线路，应采用钢管敷设，并将钢管与该机械设备的金属结构体做电气连接。

第五，防雷接地机械上的电气设备，所连接的PE线必须同时做重复接地，同一台机械电气设备的重复接地和机械的防雷接地可共用同一接地体，但接地电阻应符合重复接地电阻值的要求。

二、变压器与配电室安全技术

（一）变压器安装与运行

1. 变压器安装

施工用的10kV及以下变压器装于地面时，应有0.5m的高台，高台的周围应装设栅栏，其高度不应低于1.7m，栅栏与变压器外廓的距离不应小于1m，杆上变压器安装的高度应不低于2.5m，并挂"止步，高压危险"的警示标志。变压器的引线应采用绝缘导线。

2. 变压器的运行

变压器运行中应定期进行检查，主要包括下列内容：①油的颜色变化、油面指示、有无漏油或渗油现象。②响声是否正常，套管是否清洁，有无裂纹和放电痕迹。③接头有无腐蚀及过热现象，检查油枕的集污器内有无积水和污物。④有防爆管的变压器，要检查防爆隔膜是否完整。⑤变压器外壳的接地线有无中断、断股或锈烂等情况。

(二) 配电室设置

1. 配电室设置一般要求

①配电室应靠近电源，并应设在无灰尘、无蒸汽、无腐蚀介质及振动的地方。

②成列的配电屏（盘）和控制屏（台）两端应与重复接地线及保护零线做电气连接。

③配电室应能自然通风，并应采取防止雨雪和动物进入措施。

④配电屏（盘）正面的操作通道宽度，单列布置应不小于 1.5m，双列布置应不小于 2m；配电屏（盘）后面的维护通道宽度，单列布置或双列面对面布置不小于 0.8m，双列背对背布置不小于 1.5m，个别地点有建筑物结构凸出的地方，则此点通道宽度可减少 0.2m；侧面的维护通道宽度应不小于 1m；盘后的维护通道应不小于 0.8m。

⑤在配电室内设值班室或检修室时，该室距电屏（盘）的水平距离应大于 1m，并应采取屏障隔离。

⑥配电室的门应向外开，并配锁。

⑦配电室内的裸母线与地面垂直距离小于 2.5m 时，应采用遮挡隔离，遮挡下面通行道的高度应不小于 1.9m。

⑧配电室的围栏上端与垂直上方带电部分的净距，不应小于 0.075m。

⑨配电室的顶棚与地面的距离不低于 3m；配电装置的上端距天棚不应小于 0.5m。

⑩配电室的建筑物和构筑物的耐火等级应不低于 3 级，室内应配置砂箱和适宜于扑救电气类火灾的灭火器。

2. 配电屏应符合的要求

①配电屏（盘）应装设有功、无功电度表，并应分路装设电流、电压表。电流表与计费电度表不应共用一组电流互感器。

②配电屏（盘）应装设短路、过负荷保护装置和漏电保护器。

③配电屏（盘）上的各配电线路应编号，并应标明用途标记。

④配电屏（盘）或配电线路维修时，应悬挂"电器检修，禁止合闸"等警示标志；停、送电应由专人负责。

3. 电压为 400/230V 的自备发电机组应遵守的规定

①发电机组及其控制、配电、修理室等可分开设置；在保证电气安全距离和满足防火要求情况下可合并设置。

②发电机组的排烟管道必须伸出室外，机组及其控制配电室内严禁存放贮油桶。

③发电机组电源应与外电线路电源连锁,严禁并列运行。

④发电机组应采用三相四线制中性点直接接地系统和独立设置 TN-S 接零保护系统,并须独立设置,其接地阻值不应大于 4Ω。

⑤发电机供电系统应设置电源隔离开关及短路、过载、漏电保护电器。电源隔离开关分断时应有明显可见分断点。

⑥发电机组并列运行时,要装同期装置,并在机组同步运行后再向负载供电。

⑦发电机控制屏宜装设下列仪表:交流电压表、交流电流表、有功功率表、电度表、功率因数表、频率表、直流电流表。

三、配电箱与开关箱的使用安全技术

(一)配电箱及开关箱的设置

①配电系统应设置配电柜或总配电箱、分配电箱、开关箱,实行三级配电。配电系统宜使三相负荷平衡。220V 或 380V 单相用电设备宜接入 220/380V 三相四线系统;当单相照明线路电流大于 30A 时,宜采用 220/380V 三相四线制供电。室内配电柜的设置应符合本书中配电室章节的描述。

②总配电箱以下可设若干分配电箱;分配电箱以下可设若干开关箱。总配电箱应设在靠近电源的区域,分配电箱应设在用电设备或负荷相对集中的区域,分配电箱与开关箱的距离不得超过 30m,开关箱与其控制的固定式用电设备的水平距离不宜超过 3m。

③每台用电设备必须有各自专用的开关箱,严禁用同一个开关箱直接控制 2 台及 2 台以上用电设备(含插座)。

④动力配电箱与照明配电箱宜分别设置。当合并设置为同一配电箱时,动力和照明应分路配电;动力开关箱与照明开关箱必须分设。

⑤配电箱、开关箱应装设在干燥、通风及常温场所,不得装设在有严重损伤作用的瓦斯、烟气、潮气及其他有害介质中,亦不得装设在易受外来固体物撞击、强烈振动、液体浸溅及热源烘烤场所。否则,应予清除或做防护处理。

⑥配电箱、开关箱周围应有足够 2 人同时工作的空间和通道,不得堆放任何妨碍操作、维修的物品,不得有灌木、杂草。

⑦配电箱、开关箱应采用冷轧钢板或阻燃绝缘材料制作,钢板厚度应为 1.2~2.0mm,其中开关箱箱体钢板厚度不得小于 1.2mm,配电箱箱体钢板厚度不得小于 1.5mm,箱体表面应做防腐处理。

⑧配电箱、开关箱应装设端正、牢固。固定式配电箱、开关箱的中心点与地面的垂直距离应为 1.4~1.6m。移动式配电箱、开关箱应装设在坚固、稳定

的支架上。其中心点与地面的垂直距离宜为 0.8~1.6m。

⑨配电箱、开关箱内的电器（含插座）应先安装在金属或非木质阻燃绝缘电器安装板上，然后方可整体紧固在配电箱。开关箱箱体内，金属电器安装板与金属箱体应做电气连接。

⑩配电箱、开关箱内的电器（含插座）应按其规定位置紧固在电器安装板上，不得歪斜和松动。

（二）电器装置的选择

①配电箱、开关箱内的电器必须可靠、完好，严禁使用破损、不合格的电器。

②总配电箱的电器应具备电源隔离，正常接通与分断电路，以及短路、过载、漏电保护功能。电器设置应符合下列原则：

第一，当总路设置总漏电保护器时，还应装设总隔离开关、分路隔离开关以及总断路器、分路断路器或总熔断器、分路熔断器。当所设漏电保护器是同时具备短路、过载、漏电保护功能的漏电断路器时，可不设总断路器或总熔断器。

第二，当各分路设置分路漏电保护器时，还应装设总隔离开关、分路隔离开关以及总断路器、分路断路器或总熔断器、分路熔断器。当分路所设漏电保护器是同时具备短路、过载、漏电保护功能的漏电断路器时，可不设分路断路器或分路熔断器。

第三，隔离开关应设置于电源进线端，应采用分断时具有可见分断点，并能同时断开电源所有极的隔离电器。如采用分断时具有可见分断点的断路器，可不另设隔离开关。

第四，熔断器应选用具有可靠灭弧分断功能的产品。

第五，总开关电器的额定值、动作整定值应与分路开关电器的额定值、动作整定值相适应。

③总配电箱应装设电压表、总电流表、电度表及其他需要的仪表。专用电能计量仪表的装设应符合当地供用电管理部门的要求。

装设电流互感器时，其二次回路必须与保护零线有一个连接点，且严禁断开电路。

④分配电箱位总隔离开关、分路隔离开关以及总断路器、分路断路器或总熔断器、分路熔断器的设置和选择应符合《施工现场临时用电安全技术规范》（JGJ 46－2005）第 8.2.2 条要求。

⑤开关箱中的隔离开关只可直接控制照明电路和容量不大于 3.0kW 的动力电路，但不应频繁操作。容量大于 3.0kW 的动力电路应采用断路器控制，

操作频繁时还应附设接触器或其他启动控制装置。

⑥漏电保护器应装设在总配电箱、开关箱靠近负荷的一侧，且不得用于启动电气设备的操作。

⑦漏电保护器的选择应符合现行国家标准《剩余电流动作保护电器（RCD）的一般要求》（GB/T 6829—2017）和《剩余电流动作保护装置安装和运行》（GB/T 13955—2017）的规定。

（三）使用与维护

①配电箱、开关箱应有名称、用途、分路标记及系统接线图。

②配电箱、开关箱箱门应配锁，并应由专人负责。

③配电箱、开关箱应定期检查、维修。检查、维修人员必须是专业电工；检查、维修时必须按规定穿、戴绝缘鞋、手套，必须使用电工绝缘工具，并应做检查、维修工作记录。

④对配电箱、开关箱进行定期维修、检查时，必须将其前一级相应的电源隔离开关分闸断电，并悬挂"禁止合闸、有人工作"停电标志牌，严禁带电作业。

⑤配电箱、开关箱必须按照下列顺序操作：第一，送电操作顺序为：总配电箱—分配电箱—开关箱；第二，停电操作顺序为：开关箱—分配电箱—总配电箱。但出现电气故障的紧急情况可除外。

⑥施工现场停止作业 1h 以上时，应将动力开关箱断电上锁。

⑦开关箱的操作人员必须符合《施工现场临时用电安全技术规范》（JGJ 46—2005）第 3.2.3 条规定。

⑧配电箱、开关箱内不得放置任何杂物，并应保持整洁。

⑨配电箱、开关箱内不得随意拉接其他用电设备。

⑩配电箱、开关箱内的电器配置和接线严禁随意改动。

熔断器的熔体更换时，严禁采用不符合原规格的熔体代替。漏电保护器每天使用前应启动漏电试验按钮试跳一次，试跳不正常时严禁继续使用。

⑪配电箱、开关箱的进线和出线严禁承受外力，严禁与金属尖锐断口、强腐蚀介质和易燃易爆物接触。

四、施工用电人员安全技术

（一）柴油发电机工

1. 开机检查

开机前柴油发电机工应做好下列检查准备工作：①发电机在启动前，应检查各部整洁情况、接头连接和绝缘情况，配电器和操纵设备应正常，电刷无卡住,各部螺丝应紧固,整流子或滑环应用布擦净。②启动前应检查柴油发电机的储气瓶压力、机油油位、燃油箱油位。③应检查一切连接发电机与线路的开关,励磁机磁场变阻器应在电阻最大位置,发电机及有关设备应完好,临时短路线应拆除。④发电机周围应无障碍物及遗留工具,机内无异物,"盘车"时转动应灵活,可动部分与固定部分有一定的安全距离。各部润滑系统正常,油杯完好无缺。

2. 运行操作

柴油发电机工柴油发电机运行过程中应遵守下列规定:①发电机在运行时,即使未加励磁,亦应认为带有电压,严禁在线路上作业和用手接触高压线或进行清扫作业。②发电机组和配电屏装设的安全保护装置,不应任意拆除。③发电机组不应带病作业和超负荷运转,发现不正常情况,应停机检查。④发电机运行时,严禁人体接触带电部分。带电作业时,应有绝缘防护措施。⑤发电机运行中,操作人员不应离开机械,应经常倾听机械各部声响,留心观察仪表,并触摸轴承等部分,应无过热现象。发现不正常情况时,应立即停机检查,找出原因、排除故障后方可继续作业。⑥发电机在运行中,严禁任何保养、修理和调整作业。⑦发电机在运行中检查整流子和滑环时,操作工人应穿绝缘胶鞋、戴绝缘手套,并在靠近励磁机和转子滑环的地板上加铺绝缘垫。⑧不应在柴油发电机运行过程中擦拭机组。⑨发电机检修后开始运行前,应对转子与定子之间进行检查,应无工具或其他材料遗留在内。

3. 停机操作

发电机运行时升高的温度不应超过制造厂规定数值,如发现温度过高时,应停机慢慢冷却,查明原因后予以消除。

(二)外线电工

1. 立杆作业

①外线电工应有两人以上共同作业,其中由一人进行监护,严禁独自一人带电作业。

②地面立杆作业前应检查作业工器具(如锹、镐、撬棍、抬杠、绳索等),作业工具应齐全可靠。

③进行换杆作业时,应先用临时拉线将该电杆稳固,方可挖掘电杆基脚,严禁任何人立于电杆倒下的方向。在交通要道上进行换杆时,应选择人车来往稀少的时间进行。

④起立电杆时,基坑内不应有人停留。拆除撑杆及拉绳的作业,应在电杆基脚充分埋好夯实牢固后进行。

2. 登杆作业

登杆准备：①登杆人员在登杆前，应对杆上情况和上杆后的作业顺序了解清楚，做好准备。②登杆前，应检查所用的工器具，如踩板或脚扣、绳索、滑轮、紧线器、工具袋等紧固适用。安全带应完好可靠。③外线电工应穿长袖、长裤工作服，登杆前应将衣袖裤腿扣好扎紧。④电杆根部腐朽或未夯埋牢固、电杆倾斜、拉线不妥时严禁登杆。⑤登杆前应检查杆根埋土深浅，应无晃动现象；如有晃动，采取措施后方可登杆；登杆后，应拴好安全带方可开始作业。

登杆操作：①杆上作业人员应站在踩板、脚扣、固定牢固的踩脚木或牢固的杆构件上。严禁将安全带拴在横担上或磁瓶柱上。②在转角杆上作业时，应有防止电线滑出击伤的安全措施。③杆上作业时，严禁上下抛丢任何工器具或材料，应用绳索系吊。④杆上作业应带工具袋，暂时不用的工具和零星材料应放在工具袋内。⑤上下电杆应使用专用登杆工具（如脚扣、踩板），严禁攀缘拉线或抱杆滑下，不应用绳索代替安全带。⑥冬季作业水泥杆上挂霜时，不应使用脚扣登杆。⑦登杆带电作业时，作业人员应穿束袖工作衣、长裤，穿绝缘鞋，戴安全帽，必要时加戴绝缘手套、护目镜。⑧未受过单独带电作业训练的电工，严禁登杆进行带电作业。⑨作业时，应以一线工作为原则，不应同时接触两线。⑩杆顶同时有两个电工作业时，不应身体互相接触或直接传递工具、材料。⑪在元件或线路较多的电杆上作业时，应先用橡皮布或其他绝缘物体，将靠近电工可能接触的导线遮盖。⑫不应直接割断带负荷的线路，如因作业需要应割断时，应将割断处前后另用导线短接好后，方可割断。⑬带电导线断开后，不应同时接触两端的线头。⑭高空紧线时，操作人员应闪开紧线器，并将夹紧螺丝拧紧。⑮高压线路登杆作业，当接到线路已经停电的命令后，登杆前应检查高压试电器安全可靠，并准备好接地线和绝缘手套。

登杆到适当高处（安全距离）后，拴好安全带，进行下列作业后方可开始作业：

第一，验电：以高压试电器验证线路确无电压。如高压试电器接触不到时，可用令克棒试验，应无火花及放电声。

第二，放电：先将地线一端接于地线网上，再以地线另一端绕在绝缘棒上与高压线接触数次以消除静电。

第三，接地：将地线分别接于高压电线三相上。

（三）维护电工

1. 作业准备

①作业人员应服装整齐，扎紧袖口，头戴安全帽，脚穿绝缘胶鞋，手戴干燥线手套，不应赤脚、赤膊作业，不应戴金属丝的眼镜，不应用金属制的腰带

和金属制的工具套。

②作业前,应检查安全防护用具,如试电器、绝缘手套、短路地线、绝缘靴等,并应符合规定。

2. 维护作业

①维护电工作业时,应有两人一起参加,其中一人操作,另一人监护。

②常用小工具(如验电笔、钳子、电工刀、螺丝刀、扳手等)应放置于电工专用工具袋中并经常检查,使用时应遵守下列规定:第一,随身佩带,注意保护。第二,按功能正确使用工具;钳子、扳手不应当榔头用。第三,使用电工刀时,刀口不应对人;螺丝刀不应用铁柄或穿心柄的。第四,对于工具的绝缘部分应经常进行检查,如有损伤,不能保证其绝缘性能时,不应用于带电操作,应及时修理或更换。

③使用梯子,倾斜角应不小于20°,但也不应大于60°,底脚应有防滑设施;严禁两人同登一个梯子。

④工具袋应合适,背带应牢固,漏孔处应及时缝补好。

⑤使用人字梯时,夹角应保持45°左右,梯脚应用软橡皮包住,两平梯间应用链子拉住。必要时派人扶住。

⑥室内修换灯头或开关时,应将电源断开,单极拉线开关应控制"火线"。如用螺口灯头,"火线"应接螺口灯头的中心。

⑦设备安装完毕,应对设备及接线仔细检查,确认无问题后方可合闸试运转。

⑧安装电动机时,应检查绝缘电阻合格,转动灵活,零部件齐全,同时应安装接地线。

⑨拖拉电缆应在停电情况下进行。

⑩进行停电作业时,应首先拉开刀闸开关,取走熔断器(管),挂上"有人作业,严禁合闸!"的警示标志,并留人监护。

⑪在有灰尘或潮湿低洼的地方敷设电线,应采用电缆,如用橡皮线则必须装于胶管中或铁管内。

⑫拆除不用的电气设备,不应放在露天或潮湿的地方,应拆洗干净后入库保管,以保证绝缘良好。

⑬带熔断器的开关,其熔丝(片)应按负荷电流配装。更换后熔丝(片)的容量,不应过大或过小。更换低压刀闸开关上的熔丝(片),应先拉开闸刀。

⑭进户线或屋内电线穿墙时应用瓷管、塑料管。在干燥的地方或竹席墙处,可用胶皮管或缠4层以上胶布,且应与易燃物保持可靠的防火距离。

⑮敷设在电线管或木线槽内的电线,不应有接头。

⑯应经常移动和潮湿的地方（如廊道）使用的电灯软线应采用双芯橡皮绝缘或塑料绝缘软线，并应经常检查绝缘情况。

⑰临时炸药库、油库的电线，应用没有接头的电线，严禁把架空明线直接引进库房。库内不应装设开关或熔断丝等易发生火花的电气元件；库内照明应用防爆灯。

⑱熔丝或熔片不应削细削窄使用，也不应随意组合和多股使用，更不应使用铜（铝）导线代替熔丝或者熔片。

⑲操作刀闸开关及油开关时，应戴绝缘手套，并设专人监护。

⑳40kW 以上电动机，进行试运转时，应配有测量仪表和保护装置。一个电源开关不应同时试验两台以上的电气设备。

㉑电气设备试验时，应有接地。电气耐压作业，应穿绝缘靴、戴绝缘手套，并设专人监护。

㉒试验电气设备或器具时，应设围栏并挂上"高压危险！止步！"的警示标志，并设专人看守。

㉓耐压结束，断开试验电源后，应先对地放电，然后方可拆除接线。

㉔准备试验的电气设备，在未做耐压试验前，应先用摇表测量绝缘电阻，绝缘电阻不合格者严禁试验。

㉕不应将易燃物和其他物品堆放在干燥室。

㉖施工机械设备的电器部分，应由专职电工维护管理，非电气作业人员不应任意拆、卸、装、修。

第六章　新时期水利信息化建设发展

第一节　水利工程信息化建设基础

一、水利信息化建设的必要性

（一）水利信息化概述

水利信息化，就是充分利用现代信息技术，开发和利用水利信息资源，包括对水利信息进行采集、传输、存储、处理和利用，提高水利信息资源的应用水平和共享程度，从而全面提高水利建设和水事处理的效率和效能。

水利部门作为政府的水务主管部门，肩负着为社会提供有效的防汛减灾服务、高保证率的清洁水源以及保护和谐的水生态环境的重任。经过长期不懈努力，中国已经在全国范围内建成了基本配套的水利工程体系，并且在抗御洪水、提供水源和保护生态等方面发挥了重要作用，取得了巨大的社会效益和经济效益。在水利工程体系初步形成的条件下，为了更好地发挥其作用，提高科技对水利的贡献率，必须广泛利用信息技术，充分开发水利信息资源，提升水利为国民经济和社会服务的整体能力和水平，实现工程水利向资源水利转移，追求治水过程中人与自然的和谐共处。

水利信息化可以提高信息采集、传输的时效性和自动化水平，是水利现代化的基础和重要标志。水利信息化建设要在国家信息化建设方针指导下进行，要适应水利为全面建设现代化社会服务的新形势，以提高水利管理与服务水平为目标，以推进水利行政管理和服务电子化、开发利用水利信息资源为中心内容，立足应用，着眼发展，务实创新，服务社会，保障水利事业的可持续发展。

水利信息化的首要任务是在全国水利业务中广泛应用现代信息技术，建设水利信息基础设施，解决水利信息资源不足和有限资源共享困难等突出问题，提高防汛减灾、水资源优化配置、水利工程建设管理、水土保持、水质监测、

第六章 新时期水利信息化建设发展

农村水利水电和水利政务等水利业务中信息技术应用的整体水平。

(二) 水利信息化建设必要性

1. 水利信息化是治水观念的创新

水利信息化是国民经济和社会信息化的重要组成部分。国民经济各部门是一个相互联系的有机整体。国民经济和社会信息化程度，取决于各部门和社会各方面信息化的程度。推进国民经济和社会信息化，必须在国家信息化整体规划的指导下，统筹安排，分部门实施，社会各方面联动。水利信息化建设是整个国民经济和社会信息化建设的重要组成部分。水利作为国民经济和社会的基础设施，不但水利事业要超前发展，而且水利信息化也要优先发展、适度超前。这既是国民经济和社会信息化建设的大势所趋，也是水利事业自身发展的迫切需要。一方面，在国民经济各部门中，水利是一个信息密集型行业，为保障经济社会发展，水利部门要向各级政府、相关行业及社会各方面及时提供大量的水利信息。譬如，水资源、水环境和水工程的信息，洪涝干旱的灾情信息，防灾减灾的预测和对策信息等。另一方面，水利建设发展也离不开相关行业的信息支持。譬如，流域、区域社会经济信息、生态环境信息、气候气象信息、地球物理信息、地质灾害信息等。因此，水利行业必须加快水利信息化建设步伐，在国民经济和社会信息化建设中发挥应有的作用，这是对治水观念的创新要求。

(1) 推进水利信息化可满足提高防汛决策指挥水平的需要

水情和工情信息是防汛方案编制的依据和决策的基础。运用先进的水利信息技术手段，可以大大提高雨情、水情、工情、灾情信息监测和传输的时效性和准确性，提高预测、预报的速度和精度，降低灾害损失。

(2) 推进水利信息化可满足提高水利科技含量和管理水平的需要

水利作为传统行业，技术创新和管理创新的任务十分繁重。通过推进水利信息化，可逐步建立防汛决策指挥系统、水资源监测、评价、管理系统、水利工程管理系统等，改善管理手段，增加科技含量，提高服务水平，促进技术创新和管理创新。

(3) 推进水利信息化可满足政府职能转变的需要

通过组建水利系统水利信息化专网，可以实现水利系统内部信息资源的共享，进行数据、语音、视频的网上传输，以及非机密文件、资料的网上交换等，最大限度地提高工作效率。通过水利互联网站的建立，可以推行政务公开，加强政府机关与社会各界的联系，通过互联网发布招标公告，公布水利政策法规及办事程序，普及水利知识，也便于社会各界更加有效地监督水利工作。

2. 水利信息化带来的效益

有效地利用政府内部和外部资源，提高资源的利用效率，对改进政府职能、实现资源共享和降低行政管理成本具有十分重要的意义。水利信息化可以把一定区域乃至全国的水利行政机关连接在一起，真正实现信息、知识、人力以及创新的方法、管理制度、管理方式、管理理念等各种资源的共享，提高包括信息资源在内的各种资源利用的效率。

水利信息化还可以大大降低政府的行政管理成本。在电子网络政府状态下，由于行政系统内部办公自动化技术的普遍运用，大量以传统作业模式完成的行政工作，可以在一种全新的网络环境下进行，从而可以有效地降低行政管理成本。

二、水利信息化建设的主要任务

（一）国家水利基础信息系统工程的建设

水利基础信息系统工程的建设包括国家防汛指挥系统工程、国家水质监测评价信息系统工程、全国水土保持监测与管理信息系统、国家水资源管理决策支持系统等。这些基础信息系统工程包括分布在全国的相关信息采集、信息传输、信息处理和决策支持等分系统建设。

（二）基础数据库建设

数据库的建设是信息化的基础工作，水利专业数据库是国家重要的基础性的公共信息资源的一部分。水利基础数据库的建设包括国家防汛指挥系统综合数据库含实时水雨情库、工程数据库、社会经济数据库、工程图形库、动态影像库、历史大洪水数据库、方法库、超文本库和历史热带气旋等九个数据库，以及国家水文数据库、全国水资源数据库、水质数据库、水土保持数据库、水利工程数据库、水利经济数据库、水利科技信息库、法规数据库、水利文献专题数据库和水利人才数据库等。

上述数据库及应用系统的建设，将很大程度上提高水利部的业务和管理水平。信息化的建设任务除上述内容外，还要重视以下三方面的工作：

第一，切实做好水利信息化的发展规划和近期计划，规划既要满足水利整体发展规划的要求，又要充分考虑信息化工作的发展需要；既要考虑长远规划，又要照顾近期计划。

第二，重视人才培养，建立水利信息化教育培训体系，培养和造就一批水利信息化技术和管理人才。

第三，建立健全信息化管理体制，完善信息化有关法规、技术标准规范和安全体系框架。

(三) 综合管理信息系统设计

水利综合管理信息系统主要包括：①水利工程建设与管理信息系统；②水利政务信息系统；③办公自动化系统；④政府上网工程和水利信息公众服务系统建设；⑤水利规划设计信息管理系统；⑥水利经济信息服务系统；⑦水利人才管理信息系统；⑧文献信息查询系统。

三、水利工程地理信息技术基础及应用

(一) 水利工程地理信息的技术基础

水利信息绝大部分都是空间信息，水利空间信息非常复杂，涉及点、线、面和三维空间的复合问题。因此，水利行业对地理信息系统的要求也具有一定的特殊性。总体来说，水利工程地理信息的技术基础主要有以下四类。

1. 数字地图技术

数字地图主要用于信息服务、汛情监视、防汛抗旱管理、水资源实时监控、气象产品应用等到多个系统中，作为系统操作的背景界面和实现各种图形操作的基础。对数字地图应用的技术要求主要为：①支持分层分级地图的叠加显示及显示次序的调整；②支持各层显示属性的调整；③支持图形的缩小、放大、开窗、漫游、导航等功能；④支持各类属性数据的分布式表达，表达方式可以是数据、文本或图形；⑤支持基于空间位置的分布式属性数据查询和反向查询；⑥支持基于空间位置的分布式可运行模块或外部程序链接；⑦支持基于空间对象（点、线、面）的各种图形操作，如空间距离量算、任意多边形圈定等；⑧支持各类防洪和抗旱专题地图的生成和输出。

2. 空间分析与网络分析技术

空间分析功能是 GIS 区别于普通图形信息系统的主要标志，水利行业对空间分析方面的技术要求主要有：①不同图层之间的空间叠加（overlay）分析，尤其是多边形叠加，如降雨区域与流域边界的叠加等；②缓冲区（buffer）分析，如抢险物资的有效辐射区域分析，暴雨、台风的影响区域分析等；③网络（network）分析，包括最佳路径分析、确定最近的设施和服务范围等，如分洪区内人口迁移路径分析、抢险物资的快速调拨分析等。

3. 数字高程模型和数字地形模型技术

数字高程模型（DEM）技术主要用于灾情评估子系统对洪水淹没范围和淹没水深的计算，由数字高程式模型产生的数字地形模型（DTM）可用于分布式水文预报模型的开发。对 DEM 和 DTM 的技术要求主要有：①DEM 生成。采用从地形图其他数据源输入的等高线及高程点数据，经插值生成 DEM 数据；②结合 DEM 和水位数据，计算洪水淹没范围和各处的水深；③在洪水

演进条件下，结合 DEM 和洪水演进的有关数据，计算洪水淹没范围、各处的水深和淹没历时；④支持 DEM 各要素的生成和分析，如坡度、坡向等；⑤支持三维地形立体显示。

4. WebGIS 技术

利用 Internet/Intranet 技术在 Web 上发布空间数据（WebGIS 技术）已经成为 GIS 技术发展的必然趋势。具体来说，信息服务、防汛抗旱管理和会商等系统均需采用 WebGIS 技术通过数字地图实现信息查询、图形操作等功能。WebGIS 实现如下功能：专题图制作、缓冲区分析、对象编辑、绘制图层、查找、图层控制、空间选择、访问各种数据源等。

(二) GIS 在水利工程方面的应用需求

地理信息系统（GIS）是对地理环境有关问题进行分析和研究的一种空间信息管理系统。它是在计算机硬件和软件支持下对空间信息进行存储、查询、分析和输出，并为用户提供决策支持的综合性技术。它利用计算机建立地理数据库，将地理环境的各种要素，包括其地理空间分布状况和所具有的属性数据，进行数字存储，建立有效的数据管理系统。通过对要素的综合分析，方便快速地获取信息，并能以图形、数字和多媒体等方式来表示结果。GIS 最大的特点在于它能够把水利防汛旱业务中的各种信息与反映空间位置的图形信息有机地结合在一起，并可根据用户的需要对这些数据进行处理和分析，把各种信息和空间信息结合起来提供使用者，GIS 技术与水利工程管理紧密结合的应用前景远大。

随着 Internet/Intranet 技术的发展，基于 Web 方式的空间信息检索和信息发布也日渐增多，WebGIS 技术业已走向成熟，可以利用 WebGIS 技术以 www 方式获得地图数据及相关的属性数据。此外，随着"数字地球"的提出和虚拟现实（VR）技术的发展，GIS 技术也经历了一场由二维平面系统向三维立体系统的变革，三维地理信息系统是完善地理信息系统空间分析能力、拓展 GIS 信息表现形式的一项新技术。基于数字高程模型和数字地形模型的三维地理信息系统提供了空间处理分析地理数据及相关属性信息的直观手段，并且在叠加上相应的地理要素后就可以获得表现力丰富的三维地图。地理信息系统在水利工程系统中的应用体现在以下几方面：

①水、雨、工、灾情的信息管理、查询和分析。提供可视化的图形查询界面和丰富信息的表述方式。

②洪水的预测预报。研究给定降水区域和降水量所产生的径流和洪水的时空分布，真实模拟洪水演进和淹没过程。

③防汛抢险救灾指挥。可以利用灾害分析模型结合 GIS 进行灾前分析，

也可以利用 GIS 的网络分析功能确定救灾物资调配的最佳期路径,还可以为受灾人员、财产的安全有效转移提供决策依据。

④进行灾情统计与评估。对快速采集来的洪涝灾害和水淹没情况进行综合分析与评价,统计灾害情况,估计社会经济损失。

⑤为防洪规划提供依据。可以根据预告设定的前提条件,进行某一区域范围内的静态或者动态的模拟,为有效地设置拦洪设施的点位和选择分洪、泄洪措施提供辅助决策支持。

⑥水科学问题的研究。研究问题主要包括水的地域分布、循环以及水的应用、开发与管理,这些问题均与地理空间信息紧密相关。

(三) 在水利工程管理信息系统中应用的主要信息技术

水利工程管理信息系统是以 GIS(地理信息系统)技术为主,结合其他现代科学技术的综合性业务系统。GIS 作为对地球空间数据进行采集、存储、检索、建模、分析和表示的计算机系统,不仅可以管理以数字、文字为主的属性信息,而且可以管理以可视化图形图像为主的空间信息,在水利工程管理信息化建设中有着广泛的应用。该系统主要有以下几点技术特征。

1. 系统以 WebGIS 作为 GIS 网络平台

系统以 WebGIS 作为 GIS 网络平台,体现了 GIS 方法和网络技术的完美结合。WebGIS 技术使通过 Internet 浏览空间数据成为现实,促进了 GIS 应用领域的扩展,实现了信息传播和资源共享。大量的 GIS 数据分析、处理功能可以通过 Internet 实现,而不仅限于数据的查询和浏览。

2. 海量数据综合处理技术

Web 系统的核心问题是如何有效地组织利用现有网络资源进行网络数据的传输。针对水利工程管理信息系统中三维地理信息数据传输、数据综合两方面的问题,系统设计采用数据分割技术、多线程技术、面向对象的空间数据库技术、数据抽稀、加密等技术。运用这些数据综合策略,成功地解决了三维地理信息在网络上的传输问题,提高系统整体性能。

3. GIS 的三维可视化开发技术

三维可视化在水利工程中的应用使水利工程建设进程更加形象化、直观化。水利工程管理信息系统中的 WebGIS 三维可视化创作系统主要以 VRML 为开发平台,采用数字高程模型(DEM)技术及基于格网模型的算法来实现。

4. 网络多媒体信息处理技术

播放水利工程项目的视频、声音资料;查询、显示任意缩放、漫游相关的图片、图形信息;任意设定、打开、使用文字编辑器。

5. 报表综合处理技术

针对水利工程数据报表种类繁多、极不规范的状况,开发一套基于 B/S 模式的具有报表录入、测试、安装、数据绑定。无极显示、打印等功能的报表综合处理技术。

第二节 水利信息化系统的配套保障技术

一、水利信息化安全体系设计

(一) 设计思想及原则

建立完整有效的水利信息化安全体系,首先应该有一个科学的、整体的、适合目标环境的设计思想作为整个体系建设的理论依据和指导思想,以确保整个体系的先进性和有效性。水利系统目前处于安全体系建设的起步阶段,需要确立符合水利系统业务特点和网络状况,并且具有充分的前瞻性和可行性,以保证体系建设的可扩展性、可持续性以及投资的有效性和最终目标的达成。

从建设进度、经费和性能多个因素考虑,安全体系需分期实施,近期工程主要从物理安全、网络安全和应用安全以及系统可靠性四个方面进行重点安全设计。而系统平台安全和通信安全在远期工程中设计。

近期工程安全设计内容:①设计保障系统运行安全的各种措施,如防病毒措施、冗余措施(范围涉及线路、数据、路由、关键设备等)、备份与恢复措施(关键数据除采取本地备份措施外,还建立异地备份系统)。②设计各种主动防范措施,如入侵防御系统。③设计审计系统,以便于事后备查取证。④考虑到安全的动态性,需要采用漏洞分析工具不断地对系统进行漏洞检查、安全分析、风险评估,以及安全加固和漏洞修补等。⑤设计物理安全措施,如冗余电源、防雷击、机房安全设计等。

远期工程安全设计内容:①建立全系统安全认证平台,如何更好地支持广域范围应用认证的 CA 系统。②建立完善的安全保障体系,即以可信计算平台为核心,从应用操作、共享服务和网络通信三个环节进行安全设计,如移动用户、重要用户、关键设备的系统加固、在骨干线路上配置 VPN 以及保护移动用户和重要用户安全通信的 IPSec 客户端,保护重要区域的安全隔离与信息交换系统,并在授权管理的安全管理中心以及可信配置的密码管理中心的支撑下,来保证整个系统具有很高程度的安全性。③完善近期已有的安全措施,如更大范围的审计系统、主机入侵检测系统、异地业务连续性系统等。

同时，水利信息化安全体系设计过程中应遵循以下原则：①风险与代价相平衡原则；②主动与被动相结合原则；③部分与整体相协调原则；④一致性原则；⑤层次性原则；⑥依从性原则；⑦易操作性原则；⑧灵活性原则。

（二）安全管理体系

1. 安全策略

安全策略包括各种法律法规、规章制度、技术标准、管理规范和其他安全保障措施等，是信息安全的最核心问题，是整个信息安全建设的依据。安全策略用于帮助建立水利信息化系统的安全规则，即根据安全需求、安全威胁来源和组织机构来定义安全对象、安全状态及应对方法。安全策略通常分为三种类型：总体策略、专项策略和系统策略。

总体策略为机构的安全确定总体目标（方向），并为其实现分配资源。此策略通常由机构的高级管理人员（如 CIO）制定，用来规定机构的安全流程和管理执行机构，主要包括：①确定安全流程、涉及的范围和部门；②将安全职责分配到对应的执行部门（如网络安全/管理部门），并规定与其他相关部门的关系；③规范/管理机构范围内安全策略的一致性。

专项策略通常针对一项业务（服务）制订，它规定当前信息安全特定方面的目标、适用条件、角色、负责人以及策略的一致性要求。如针对电子邮件系统、因特网浏览等制订的安全策略。

系统策略是针对某个具体的系统（包含涉及的硬件、软件，人员等）制订的安全策略，它主要包含：①安全对象；②不同安全对象的安全规则；③实现的技术手段。

安全策略目前主要作为规定、指南，通过文件方式在全系统范围内发布。在水利信息化系统这样的大型系统内，由于有关的策略变动、系统变动频繁，因此要求对安全策略进行计算机化管理。

2. 安全组织

全系统使用一个安全运行中心（SOC），为全网范围提供策略制订和管理、事件监控、响应支持等后台运行服务。同时，通过 SOC 对全系统的安全部件进行集中配置和管理，处理安全事件，对安全事件实施应急响应。

安全运行中心 SOC 功能如下。

（1）安全策略管理中心

安全策略管理中心制订全系统的安全策略，并负责维护策略的版本信息。

（2）安全事件管理中心

安全事件管理中心提供全系统安全事件的集中监控服务。它与网络运行中心（NOC）使用同一个事件系统，但专注于与安全相关事件的监控。

安全事件管理中心进行实时的安全监控,并且将安全事件备份到后台的关系数据库中,以备查询和生成安全运行报告。

安全事件管理中心可根据安全策略设置不同事件的处理策略,例如可将关键系统的特定安全事件升级为事故,并自动收集相关信息,生成事故通知单(Trouble Ticket),进入事故处理系统,也可生成本地的安全运行报告。

(3) 安全事件应急响应中心

安全事件应急响应中心提供全系统安全事故的集中处理服务。它与 NOC 使用同一个事故处理系统,但专注于安全事故的处理。

安全事件应急响应中心接收从事件监视系统发来的事故通知单,以及手工生成的事故通知单,并对事故通知单的处理过程进行管理。

安全事件应急响应中心将所有事故信息存入后台关系数据库,并可生成运行事故报告。

3. 安全运作

安全系统是由安全策略管理、策略执行、事件监控、响应和支持、安全审计五个子系统构成的一个有机的安全保证和运行体系。

(1) 安全策略管理

安全策略是水利信息化系统安全建设的指导原则、配置规则和检查依据。安全系统的建设主要依据水利信息化系统统一的安全策略管理。

(2) 策略执行

策略执行是通过采购、安装、布控、集成开发防火墙系统、入侵防御系统、弱点漏洞分析系统、内容监控与取证系统、病毒防护系统、内部安全系统、身份认证系统、存储备份系统,执行安全策略的要求,保证系统的安全。

(3) 事件监控

事件监控通过集中收集安全系统、服务器和网络设备记录及报告的安全事件,实时审计、分析整个系统中的安全事件,对确定的安全事件进行报告和通知。

(4) 响应和支持

对安全事件进行的自动响应和支持处理,包含事件通知、事件处理过程管理、事件历史管理等。

(5) 安全审计

安全审计包括对整个系统的安全漏洞进行定期分析报告和修补;定期检查审计安全日志;对关键的服务器系统和数据进行完整性检查。

(三) 安全技术体系

安全技术体系主要从系统可靠性和系统安全性两个方面进行建设。系统可靠性主要通过数据、线路、路由、设备的冗余设计，软件可靠性设计，雷电防护和断电措施设计来保证；系统安全性主要从防黑客攻击和安全认证角度进行了网络安全和应用安全设计。

1. 可靠性设计

为了保证系统的可靠运行，主要考虑数据、信道、路由、设备、防雷、接地和电源等因素，具体设计如下。

①数据可靠性。数据可靠性主要包括数据本地备份、数据异地备份和数据传输的可靠性三个方面。为了保证所有测站观测数据能够被正确自动地重传，需要配置固态存储器。针对各种数据库，采用数据库备份软件来实现数据的备份，并实现历史数据的导出转储，因此社网络中心配置大容量磁带库进行数据库的本地备份。

在水利信息化系统中，数据存储架构为集中与分散的架构。从数据存储的架构来看，分中心的数据与测站的数据互为备份，水利局网络中心的数据（中心）与水利局直属异地办公单位的数据互为备份，因此此数据架构保证在某地出现意外情况时，数据能够被恢复，实现了数据的异地备份。

采集系统发送方在数据发送的过程中，遇到网络问题等造成通信中断时，发送方要保留没有正确发送的所有数据（整个本次需要发送的数据文件），待系统故障解决后，由系统自动将整个文件重新发往接收方；接收方在接收过程中，遇有网络问题等造成通信中断时，接收方要删除已经接收的部分数据（已经正确接收的部分数据——文件的一部分），从而保证接收数据的完整性。

②信道可靠性。骨干网络采用光纤专线作为信道，确保信息传输的畅通。测站到中心/分中心的信道采用光纤专线（有视频监控的测站）、VPN（无视频监控的测站）和 GSM/CDMA（无线测站）。另外，水利局还应配备右卫星应急指挥车和前端单兵通信设备，保障在应急状态下的信息传输的畅通。

③设备可靠性。针对路由器，在网络中心配置两台路由器，主路由器具有双电源、双引擎和模块热插拔等功能；针对服务器，重要的服务器采用双机系统，并采用磁盘阵列增加可靠性；针对安全设备，网络中心的防火墙、入侵防御均为冗余配置；针对采集设备，数据采集和交换服务器采用两台，互为备份。

④路由可靠性。在骨干网中，主线路采用 OSPF 动态路由，备份线路采用静态路由。

⑤雷电防护。测站通信的传感器信号线、电话线、电源线和其他各类连线都应进行屏蔽，并给出抗雷电的措施。

⑥接地。网络中心接地电阻小于 1Ω；分中心接地电阻小于 5Ω；测站接地

电阻小于 10Ω。如接地电阻难以达到要求，对野外站可视情况稍加放宽，对分中心和重要测站则可在屋顶安装闭合均压带，室内安装闭合环形接地母线等措施改进防雷性能。

⑦电源可靠性。电源设计是提高系统可靠性的又一重要措施。目前各地电源系统均采用双路供电，因此电源设计应考虑电源电压范围、直流电池防过电和欠压、电源管理等，主要设计内容包括：交流供电线路应安装漏电开关、过压保护；交流稳压器应具有瞬态电压抑制的能力，即抑制谐波的能力；直流电池防过电和欠压措施；遥测终端设备具有基于休眠和远程唤醒的电源管理技术；各级机房配置 UPS 电源。

⑧软件可靠性。应用软件能检测信道和测站设备的工作状态，发现故障时，能自动切换到备用信道上。

⑨其他方面。在设计时应注意各种设备的接口保护、抗电磁干扰和抗雷击保护，并注意电源电压的适应性。

2. 安全性设计

近期工程主要从物理安全、网络安全和应用安全三个方面进行安全设计。而系统安全和通信安全要从建设进度、经费、性能等多个方面考虑，在远期工程中设计。

(1) 物理安全

物理安全是保护计算机网络设备、设施以及其他媒体免遭地震、水灾、火灾等环境事故以及人为操作失误或错误及各种计算机犯罪行为导致的破坏过程。它主要包括三个方面。

①环境安全：对系统所在环境的安全保护，如区域保护和灾难保护，要求参见国家标准《数据中心设计规范》（GB 50174—2017）、《计算机场地通用规范》（GB/T 2887—2011）、《计算机场地安全要求》（GB/T 9361—2011）。水资源管理系统建设在这方面，主要根据国家的相关标准对现有机房条件进行改进。

②设备安全：主要包括设备的防盗、防毁、防电磁信息辐射泄漏、防止线路截获、抗电磁干扰及电源保护等。

③媒体安全：包括媒体数据的安全及媒体本身的安全。水资源管理系统的建设中有关介质的选择，主要考虑介质的可靠性，充分利用各种存储介质的优点。

显然，为保证信息网络系统的物理安全，除对网络规划和场地、环境等有要求外，还要防止系统信息在空间的扩散。计算机系统通过电磁辐射使信息被截获而失密的案例已经很多，在理论和技术支持下的验证工作也证实这种截取距离在几百米甚至可达千米的复原显示给计算机系统信息的保密工作带来了极大的危害。为了防止系统中的信息在空间上的扩散,通常是在物理上采取一定的防护措施,来减少或干扰扩散出去的空间信号。

正常的防范措施主要有三个方面:

①对主机房及重要信息存储、收发部门进行屏蔽处理,即建设一个具有高效屏蔽效能的屏蔽室,用它来安装运行主要设备,以防止磁鼓、磁带与高辐射设备等信号外泄。为提高屏蔽室的效能,在屏蔽室与外界的各项联系、连接中均要采取相应的隔离措施和设计,如信号线、电话线、空调、消防控制线,以及通风波导、门的关启等。

②对本地网、局域网传输线路传输辐射的抑制。由于电缆传输辐射信息的不可避免性,现均采用了光缆传输的方式,且大多数均在 Modem 出来的设备用光电转换接口,用光缆接出屏蔽室外进行传输。

③对终端设备辐射的防范。终端机尤其是 CRT 显示器,由于上万伏高压电子流的作用,辐射有极强的信号外泄,但又因终端分散使用不宜集中采用屏蔽室的办法来防止,故现在的要求除在订购设备上尽量选取低辐射产品外,主要采取主动式的干扰设备如干扰机来破坏对应信息的窃复,个别重要的首脑或集中的终端也可考虑采用有窗子的装饰性屏蔽室,此方法虽降低了部分屏蔽效能,但可大大改善工作环境,使人感到似在普通机房内工作一样。

其他物理安全还包括电源供给、传输介质、物理路由、通信手段、电磁干扰屏蔽、避雷方式等安全保护措施建设。

(2) 网络安全

网络安全设计实现基本安全的原则,通过在网络上安装防火墙实现用户网络访问控制;通过 VLAN 划分实现网段隔离;通过网络入侵防御系统实现对黑客攻击的主动防范和及时报警;通过漏洞扫描系统实现及时发现系统新的漏洞、及时分析评估系统的安全状态,根据评估结果及时调整系统的整体安全防范策略;通过防病毒系统实现病毒防范,综合以上多种安全手段,实现对网络系统的安全管理。

网络中心的安全设计如下:

①配置两台千兆防火墙,构成双机热备防火墙系统,提供对外部连接的安全控制。

②配置两台千兆入侵防御设备,提供对外部非法入侵的防范。

③配置一套漏洞扫描系统,实现对服务器、网络设备系统漏洞的侦测和修正。

④配置一台病毒防范服务器,在网络服务器和工作站上配置防病毒客户端

软件,实现对网络病毒的防范。

⑤配置两台安全监控工作站,实现对网络安全设备的配置及监控。直属异地办公单位的安全设计如下:第一,病毒防范,在网络服务器和工作站上安装安全防病毒客户端软件。第二,配置一台百兆防火墙,提供对外部连接的安全控制。

(3) 应用系统安全

在水利信息化系统的各种应用中,用户在对应用平台进行访问时,首先需要通过安全认证。根据分期实施的原则,近期工程主要考虑内部用户访问应用平台的安全认证,即通过在中心设置 AAA 认证服务器来实现用户的认证、授权和审计;远期工程再建设基于 CA 的用户集中管理、认证授权系统。因此,近期工程应用系统安全主要考虑主机操作系统安全、数据安全。

主机操作系统作为信息系统安全的最小单元,直接影响到信息系统的安全;操作系统安全是信息系统安全的基本条件,是信息系统安全的最终目标之一。主机操作系统的安全是利用安全手段防止操作系统本身被破坏,防止非法用户对计算机资源及信息资源(如软件、硬件、时间、空间、数据、服务等资源)的窃取。操作系统安全的实施将保护计算机硬件、软件和数据,防止人为因素造成的故障和破坏。操作系统的安全维护不是一个静止的过程,几乎所有的操作系统在发布以后都会或多或少地发现一些严重程度不一的漏洞。

各种操作系统的安全保障措施包含如下要求:

①主机系统安全增强配置:对水利信息化系统中的各类主机系统采用配置修改、系统裁剪、服务监管、完整性检测、打 Patch 等手段来增强主机系统的安全性。

②主机系统定制:对 Web 服务器、DNS 服务器、E-mail 服务器、FTP 服务器、数据库服务器、应用服务器等主机系统根据各自的应用特点采用参数修改、应用加固、访问控制、功能定制等手段来增强系统的安全性。

③部署安全审计系统:定期评估系统的安全状态,及时发现系统的安全漏洞和隐患对安全管理来说极为重要,在网络中心的核心服务器网段部署安全审计系统,使其在预定策略下对系统自动地进行扫描评估,并可通过远端对审计策略根据需要随时调整。在网管中心控制台上可方便地查阅审计报告,预先解决系统漏洞和隐患,防患于未然。

④部署集中日志分析系统:如果系统内部无日志采集分析系统,导致重要日志信息淹没在大量垃圾信息之中,最终导致根本无法保留日志,因此需在中央网络中心部署一套集中日志分析系统,通过该系统对日志进行筛选、异地(不同主机)安全存储和分析,使得出现的安全问题容易追查、容易定位,通

过进行科学分析可对入侵取证提供技术方面的证据。

各种数据的安全保障措施如下：

①工情、灾情信息等信息在传输过程中采用加密方式传输，待相关系统接收到数据后，再对数据进行解密、处理，并将其入库。

②通过构造运行于不同地域层次的雨水情、工情、旱情、灾情等实时信息的接收与处理设施和软件，实现数据入库前的分类综合、格式转换等，并构造支持数据分布与传输的管理系统，保障系统信息分散冗余存储规则的实现及数据的一致性。

（四）安全保证体系

1. 应用操作的安全

应用操作的安全通过可信终端来保证。可信终端确保用户的合法性，使用户只能按照规定的权限和访问控制规则进行操作，具备某种权限级别的人只能做与其身份规定相符的访问操作，只要控制规则是合理的，那么整个信息系统不会发生人为攻击的安全事故。可信终端奠定了系统安全的基础。可信终端主要通过以密码技术为核心的终端安全保护系统来实现。

2. 共享服务的安全

共享服务的安全通过安全边界设备来实现。安全边界设备（如 VPN 安全网关等）具有身份认证和安全审计功能，将共享服务器（如数据库服务器、浏览服务器、邮件服务器等）与访问者隔离，防止意外的非授权用户的访问（如非法接入的非可信终端），这样共享服务端主要增强其可靠性，如双机备份、容错、紧急恢复等，而不必作繁重的访问控制，从而减轻服务器的压力，以防拒绝服务攻击。

3. 网络通信的安全

网络通信的安全保密通过采用 IPSec 实现。IPSec 工作在操作系统内核，速度快，几乎可以达到线速处理，可以实现信息源到目的端的全程通信安全保护，确保传输连接的真实性和数据的机密性、一致性。

目前，许多商用操作系统支持 IPSec 功能，但是从安全可控和国家政策角度，水利信息化系统必须采用国家密码管理部门批准算法的自有 IPSec 产品。IPSec 产品不仅可以很好地解决网络之间的安全保密通信，还能够很好地支持移动用户和家庭办公用户的安全。

4. 安全管理中心

当然，要实现有效的信息系统安全保障，还需要授权管理的安全管理中心以及可信配置的密码管理中心的支撑。

安全系统进行集中安全管理，将系统集成的安全组件有机地管理起来，形成一个有机整体。安全系统具有前述 SOC 一样的功能。

5. 密钥管理中心

密钥管理中心保证密钥在其生命周期内的安全和管理，如密钥生成、销毁、恢复等。

6. 其他安全保障措施

通过以上的安全保障措施，可以有效地避免导致防火墙越砌越高、入侵检测越做越复杂、恶意代码库越做越大的问题，使得安全的投入减少，维护与管理变得简单和易于实施，信息系统的使用效率大大提高。

在安全防护系统中，一般还有如下保障措施：

①通过防病毒系统实施，建立全网病毒防护、查杀、监控体系。

②安装弱点漏洞分析工具，定期检查全网的弱点漏洞和不恰当配置，及时修补弱点漏洞，调整不恰当的配置，保证网络系统处于较高的安全基准。

③通过入侵防御系统的实施，实施对网络网外攻击行为和网内违规操作的检测、监控和响应，实现全网入侵行为和违规操作行为的管理。

④通过信息监控与取证系统的实施，阻止敏感信息的流出，阻止不良信息、有害信息和反动信息的流入，对违规行为、攻击行为进行监控和取证。

⑤通过系统完整性审计系统的实施，监视服务器资源访问情况，识别攻击，实现对关键服务器的保护。

⑥通过远程存储备份系统的实施，实现对敏感数据、数据库的远程安全备份。

⑦通过网站监控与恢复系统的实施，实现对信息发布系统的保护。

⑧通过安全认证平台的实施，实现对应用系统访问控制、资源访问授权和审计记账。

二、水利信息化规范体系设计

为了避免相关单位在水利信息化系统建设中各自为政，没有统一的总体框架和标准体系，形成信息孤岛，给数据的互联互通和共享带来困难，有必要在水利信息化系统全面实施之前，先期开展标准规范建设，统一标准，对实现各系统节点间的互联互通，促进信息交换和共享，具有十分重要的意义。

水利信息化系统的标准体系建设，必须依据水利信息监测、管理与应用的特点，在全面分析现有的相关国际、国家标准和行业标准的基础上，结合水利信息化系统建设现状，识别标准建设方面存在的主要问题与差距，通过业务需求分析，在水利技术标准体系的指导下，在水利信息化标准框架范围内，提出水利信息化系统标准体系的框架设计和主要建设内容，设计出需要补充编制与调整的标准,并对标准体系的建设提供合理性建议。

水利信息化系统标准体系作为"水利信息化标准体系"的组成部分,其主要内容应涵盖水利信息化系统所包含信息的分类和编码标准化、信息采集标准化、信息传输与交换标准化、信息存储标准化、信息处理过程标准化以及设计建设维护的管理等多个方面。

水利信息化系统的数据源包括:基本信息、社会经济动态信息、需水信息、供/用水信息、水情信息、地下水信息,水质与水环境信息、工情信息、旱情与墒情信息、灾情信息、可利用的气象产品、管理信息、文本信息(包括超文本语音、视频信息)等,标准体系中要涵盖这些信息的采集、传输、存储、处理、维护和管理等环节的一系列技术标准。

标准化体系要按照"五统一"原则,即"统一指标体系、统一文件格式、统一分类编码、统一信息交换格式、统一名词术语",对原有标准体系进行扩充和完善。

标准的建设过程需要考虑如下因素:

①科学性:在标准制定工作中首先要保证科学性,合理地安排制定各个标准,正确处理各个标准的作用和地位。

②全面性:充分反映各项业务的需求,将水利信息化所需的标准全面纳入标准体系中。同时要突出重点,优先解决急需的标准工作,逐步对标准体系进行完善,达到全面性。

③系统性:将各个标准纳入标准体系,充分考虑各标准之间的区别和联系,将具体的标准安排在标准体系中相应的位置上,形成一个层次合理、结构清楚、关系明确、内容完善的有机整体。

④先进性与继承性:充分体现相关技术和标准的发展方向,对于最新的相关国家标准、国际标准和国外先进标准要积极采纳,或者保持与它们的一致性或兼容性,与行业信息化接轨。同时要根据具体的业务实际考虑现有的大量标准化工作,进行适当的修订。

⑤可预见性和可扩充性:由于当前信息技术处于迅速发展阶段,制定标准时既要考虑到目前的技术和应用发展水平,也要对未来的发展趋势有所预见,便于以后工作的开展。同时考虑到目前有些需求还不甚明朗,因此所编制的标准体系要易于扩充,能够随信息技术、网络通信技术的发展增加相应的模块。

三、水利信息化系统集成设计

(一)设计内容和任务

水利信息化系统是一个大型的信息系统工程项目,需要通过集成设计来统一考虑系统的硬件、软件配置，减少由于部门、系统的划分造成的硬件、软件重复建设，达到提高系统建设资金使用效益的目的。系统集成包括硬件、数据库、应用软件、系统软件集成方案和设备配置。

系统集成设计的内容和任务是：

①提出水利信息外网的硬件、数据库、应用软件、系统软件集成方案和设备配置。

②提出水利信息内网的硬件、数据库、应用软件、系统软件集成方案和设备配置。

③提出应用系统集成技术实现方案。

（二）系统配置原则

系统配置应遵循以下原则：

①在水利局（中心）和水利局直属异地办公单位，数据库服务器、应用服务器、系统软件等不以部门或应用系统的划分分别配置，而是统一考虑各系统对硬件、系统软件的功能和性能要求进行配置，避免重复建设。

②为保证数据服务的可靠性，数据库服务器采用双机系统。

③配置高性能应用服务器为各应用系统提供硬件运行环境。

④系统软件应为商用软件，符合业界标准。

⑤统一配置系统软件（包括数据库、应用支撑平台等），为各应用系统提供软件运行环境。

（三）应用系统集成方式

应用系统集成方式包括：

①系统集成通过门户系统实现各应用系统的集成。

②对于按照新的体系架构开发的系统直接通过门户系统进行集成。

③对于原来的 B/S 结构应用可以通过封装的方式将原有应用的页面包含在 portlets 中，简单容易地集成到门户中。

④对于原来的 C/S 结构应用，需要将原来的表示逻辑和业务处理逻辑分离，而后封装到 portlets 中，最后集成到门户中。

⑤对于不能进行改造（如不能得到源代码）的系统，但知道输入、输出数据格式的，通过数据集成实现对原有应用的集成，原有系统运行模式不变。

⑥对于完全独立的系统，保持原有系统运行模式不变。

（四）应用系统集成技术实现

1. 水利信息化中的应用集成

水利信息化系统是由许多应用系统和数据资源组成的。这些应用系统和数据资源分散于不同的企业部门，并且可能是通过不同的技术实现的。但是，水利信息化中的很多系统，如网上审批系统、决策支持系统、电子公文交换系统等，对应用系统的集成提出了越来越高的要求。只有实现了各个应用系统之间的互联互通，水利信息化才能从根本上发挥其价值。

应用集成所涉及的范围比较广泛，包括函数/方法集成、数据集成、界面集成、业务流程集成等。

2. 用户界面集成

用户界面集成是一个面向用户的整合，它将原先系统的终端窗口和 PC 的图形界面使用一个标准的界面（有代表性的例子是使用浏览器）来替换。一般地，应用程序终端窗口的功能可以一对一地映射到一个基于浏览器的图形用户界面。新的表示层需要与现存的遗留系统的商业逻辑或者一些封装的应用等进行集成。

企业门户应用（Enterprise Portal）也可以被看成是一个复杂界面重组的解决方案。一个企业门户合并了多个水利信息化应用，同时表现为一个可定制的基于浏览器的界面。在这个类型的 EAI 中，企业门户框架和中间件解决方案是一样的。

3. 数据集成

数据集成发生在企业内的数据库和数据源级别。通过从一个数据源将数据移植到另外一个数据源来完成数据集成。数据集成是现有 EAI 解决方案中最普遍的一种形式。然而，数据集成的一个最大的问题是商业逻辑常常只存在于主系统中，无法在数据库层次上去响应商业流程的处理，因此这限制了实时处理的能力。

此外，还有一些数据复制和中间件工具来推动在数据源之间的数据传输，一些是以实时方式工作的，一些是以批处理方式工作的。

4. 业务流程集成

虽然数据集成已经证明是 EAI 的一种流行的形式，然而，从安全性、数据完整性、业务流程角度来看，数据集成仍然存在着很多问题。组织内大量的数据是被商业逻辑所访问和维持的。商业逻辑应用加强了必需的商业规则、业务流程和安全性，而这些对于下层数据都是必需的。

业务流程集成产生于跨越了多个应用的业务流程层。通常通过使用一些高层的中间件来表现业务流程集成的特征。这类中间件产品的代表是消息中介，消息中介使用总线模式或者是 HUB 模式来对消息处理标准化并控制信息流。

5. 函数和方法集成

函数和方法集成涵盖了普通的代码（COBOL，C++，Java）撰写、应用程序接口（API）、远端过程调用（RPC）、分布式中间件如 TP 监控、分布式对象、公共对象访问中介（CORBA）、Java 远端方法调用（RMI）、面向消息的中间件以及 Web 服务等各种软件技术。

面向函数和方法的集成一般来说是处于同步模式的，即基于客户（请求程序）和服务器（响应程序）之间的请求响应交互机制。

在水利信息化方案中，人们综合使用了各种集成技术，并形成了完整的应用集成框架。

6. 基于 ESB 的应用集成

（1）产生背景

随着计算机与网络技术的不断发展，以及信息化系统建设的不断发展，很多的单位（行政事业单位以及企业）都拥有了不止一套系统。与此同时，业务规则的不断变化，使得越来越多的单位在信息化建设的过程中，不得不加强自己业务的灵活性，同时简化其基础架构，以更好地满足其业务目标。

随着单位系统建设的越来越多，各个系统间数据、业务规则、业务流程的整合成为了最终用户非常关心的问题。如何通过整合已有系统，使各个系统的综合数据成为决策者的决策依据；如何通过系统整合，建设更加完整的、合理的业务流程；如何通过系统整合，降低工作人员的工作量，提高工作效率，以达到降低成本以及提高工作效率的目的。

正是因为存在以上种种的需求，人们开始希望能有一种比较好的解决方案，以从业务和架构上满足需求。ESB 的出现令人眼前为之一亮，它为解决以上种种问题提供了一种完整的设计与实施规范。ESB 以总线为基础，定义了各种功能组件以及一系列的技术规范，从业务角度和系统架构的角度上满足了大多数的需求。

（2）架构设计

系统的总体架构即 ESB 主要包括消息的路由、消息的转换、权限的管理以及各种适配器。

①消息路由以与实现方式无关的方式，将发送到消息通道中的数据，准确地发送到接收端。对于与实现协议无关的，只需针对不同类型的传输方式，建立相应的传输通道即可。

②消息转换主要用来在消息的消费者和消息提供者之间转换数据。

③权限模块主要用来进行一些与权限相关的操作，包括授予权限，查看权限。同时，权限还需要结合安全模型，以进行一定的安全管理。

④适配器是服务与 ESB 总线交互的"接口"，是一个比较宽泛的概念，各种类型的服务均是通过适配器接入总线上的。

(3) 功能特点

单位内部存在多个需要被整合的系统，各个系统需要能够以统一、快速的方式集成。同时被集成的各个系统之间业务规则会存在一定的变化，并可能引起各个系统间交互数据的格式以及内容发生变化，因此需要构建敏捷的业务流程，并能够对交互的数据格式进行统一的、快速的定制。

ESB 是一种在松散耦合的服务和应用之间进行集成的标准方式，是在 SOA 架构中实现服务间智能化集成与管理的中介，ESB 是逻辑上与 S0A 所遵循的基本原则保持一致的服务集成基础架构，它提供了服务管理的方法和在分布式异构环境中进行服务交互的功能。同时，它也提供了服务的监控、统计、服务的发现等功能。

ESB 系统中将集成的对象统一到服务，消息在应用服务之间传递时格式是标准的，这使得直接面向消息的处理方式成为可能。ESB 能够在底层支持现有的各种通信协议，这样就使得开发人员对消息的处理可以完全不必考虑底层的传输协议，可以将所有的注意力都集中到消息内容的处理上来。在 ESB 中，对消息的处理就会成为 ESB 的核心，因为通过消息处理来集成服务是最简单可行的方式。这也是 ESB 中企业服务总线功能的体现。

业务和数据的快速集成工作使用 ESB 来完成，应用 ESB 可以完成以下功能：

①能够迅速地挂接基于不同协议的传输、使用不同语言开发的系统。

②接入的各个系统都以独立的、松散耦合的服务形式存在，具有良好的扩展性和可延续性，遵循 SCA（Service Component Architecture）规范。

③数据在各个系统之间，以一种统一的、灵活的、可配置的方式进行交互，遵循 SDC（Service Data Objects）规范。

④能够以用户友好的方式定义和定制各个系统之间的业务流程，并构建敏捷的业务流程，遵循 BPM（Business Process Management）相关规范。

⑤提供了一套完整的服务治理解决方案，包括服务对象管理、服务生命周期管理、服务的监控及针对服务访问与响应的统计等。

⑥封装多种协议适配器，使开发人员能够透明地与基于不同通信协议和技术架构的系统进行交互。

⑦能够以用户友好的方式，方便地对服务的生命周期进行管理。

⑧应用一定的安全策略，保证数据和业务访问的安全性。

⑨能以用户友好的方式进行服务的注册以及管理。

⑩支持多种服务集成方式，如 Web 服务、适配器等。

四、GIS 技术在水利信息化中的应用基础

（一）GIS 概述

1. 地理信息系统的概念

（1）地理信息

地理信息是表征地理系统诸要素的数量、质量、分布特征、相互联系和变化规律的数字、文字、图像和图形等的总称。是有关地理实体的性质、特征和运动状态的表征和一切有用的知识，它是对地理数据的解释。地理信息中的位置是通过数据进行标示的，这是地理信息区别于其他类型信息的最显著的标志。

（2）信息系统

信息系统是具有数据采集、管理、分析、表达和输出数据能力的系统，它能够为单一的或有组织的决策过程提供有用的信息。在计算机时代，信息系统的部分或全部由计算机系统支持，人们常常使用计算机收集数据并将数据处理成信息，计算机的使用导致了一场信息革命，目前，计算机已经渗透到各个领域。一个基于计算机的信息系统包括计算机硬件、软件、地理数据和用户四大要素。

（3）地理信息系统

地理信息系统（geographical information system，GIS）是一门介于地球科学与信息科学之间的交叉学科，它是近年来迅速发展起来的一门新兴技术学科。顾名思义，地理信息系统是处理地理信息的系统。一般来说，GIS 可定义为：用于采集、存储、管理、处理、检索、分析和表达地理空间数据的计算机系统，是分析和处理海量地理数据的通用技术。从 GIS 系统应用角度，可进一步定义为：GIS 由计算机系统、地理数据和用户组成，通过对地理数据的集成、存储、检索、操作和分析，生成并输出各种地理信息，从而为土地利用、资源评价与管理、环境监测、交通运输、经济建设、城市规划以及政府部门行政管理提供新的知识，为工程设计和规划、管理决策服务的综合信息技术。

2. GIS 的组成要素

完整的 GIS 主要由四部分构成，即计算机硬件系统、计算机软件系统、地理空间数据和系统开发、管理与使用人员。其核心部分是计算机系统，包括软件和硬件。空间数据反映 GIS 的地理内容，而系统开发、管理人员和用户则决定系统的工作方式和信息表示方式。

（1）计算机硬件系统

地理信息系统的建立必须有一个计算机硬件系统。按用户的要求及系统所

要完成的任务和目的，能满足地理信息系统运行的硬件设备的规模可大可小，一般可以有四种配置情况。

①简单型配置。最简单的硬件系统只需要中央处理器、图形终端、磁盘驱动器和磁盘，再加一台打印机即可运行。中央处理器（CPU）的任务是完成运算、处理、协调和控制计算机各个部件的运行，图形终端主要用作显示、监视和人机交互操作，如编辑、删改、增加、更新图形数据等。为了存储要处理的数据和程序，也为了存储运算的中间结果及处理后的结果。

简单型配置适用于家庭、办公室等环境，完成较简单的工作，如数据处理、查询、检索和分析等。由于输入输出的外围设备不完善，只能用键盘输入各种数据，或者先在别的系统上完成输入数据的工作，然后通过软盘做媒介，将数据调入这个系统的磁盘再进行其他运算。由于简单型配置的系统功能较少，因而在数据输入的种类、数据量、数据更新及成果输出等方面都会受到诸多限制。

②基本型配置。这种硬件系统的配置规模比简单型配置要大一些：除了中央处理器、磁盘驱动器、磁盘、图形终端和打印机外，还需要配置数字化仪和绘图仪等。数字化仪是地理信息系统硬件中的重要输入设备：它可以利用光标或光笔人工跟踪图形，将各种地图数字化并送入磁盘存储。绘图仪主要用于输出各种图件。

基本型硬件系统配置解决了地图的数字化输入和专题地图的输出问题，这种系统有条件完成 GIS 任务，能比较顺利地进行空间数据的输入、输出、查询、检索、运算、更新和分析等工作。当然，系统中主机的硬盘和内存空间还应适当增大，以确保大量地图数据的存储、处理和运算。

③扩展型配置。为了克服一般的 GIS 中不能输入图像数据的缺点，在上述的基本硬件配置基础上增加一个图像处理子系统，即可以建立一个扩展型的地理信息系统，图像处理子系统应包括 1 至 2 台磁带机、光盘机，1 台视频终端和高分辨率彩色监视器。如果经费充足，还可增设图像扫描输入和影像输出设备。磁带机的用处是便于直接输入 CCT（计算机兼容磁带）遥感数据。视频终端和高分辨率彩色监视器可用于处理和显示遥感图像，然后送入 GIS 与图形数据一并进行分析。图像扫描输入输出设备比较昂贵，但它可以直接进行模、数转换或数、模转换，即可将照片或图像变成可供计算机直接处理的数字图像形式，又可将数字图像转变为照相底片，经洗印和放大后做成影像供专业人员分析使用。

扩展型的硬件系统配置功能比较齐全、性能强大，能输入、处理和输出各种类型的数据，完成一般系统不能完成的工作，实现遥感和 GIS 的综合处理。

因此它是 GIS 进行复杂运行处理的有力保证。

④网络型配置。这种配置能实现 GIS 联网，计算机主机和外围设备既可以自成系统，又可以与其他计算机系统连接：既能使输入的数据或输出的数据供多用户共享，又能充分发挥各种计算机及其外围设备的作用，实现设备共享。这样既减少了设备浪费，节省了资金，又提高了工作效率。

GIS 联网是一种比较理想的方案，也是发展趋势，但对网络设备及基础条件要求比较高。

(2) 计算机软件系统

计算机软件系统是指地理信息系统运行所必需的各种程序及有关资料，主要包括计算机系统软件、地理信息系统软件和应用分析软件三部分。

①计算机系统软件。它是由计算机厂家提供的为用户开发和使用计算机提供方便的程序系统。通常包括操作系统、汇编程序、编译程序、库程序、数据库管理系统以及各种维护手册。

②地理信息系统软件。地理信息系统软件应包括五类基本模块，即下述诸子系统：数据输入和校验、数据存储和管理、数据变换、数据输出和表示、用户接口等。

数据输入和校验：包括能将地图数据、遥感数据、统计数据和文字报告转换成计算机兼容的数字形式的各种转换软件。许多计算机工具都可用于输入，例如人机交互终端（键盘与显示器）、数字化仪、扫描仪（卫星或飞机上直接记录数据，或用于地图或航片的扫描仪）以及磁带、磁盘、磁鼓上读取数字或数据的装置等。数据校验是通过观测、统计分析和逻辑分析检查数据中存在的错误，并通过适当的编辑方式加以改正。事实上数据输入和校验都是建立地理数据库必需的过程。

数据存储和管理：数据存储和数据库管理涉及地理元素（表示地表物体的点、线、面）的位置、连接关系以及属性数据如何构造和组织，使其便于计算机和系统用户理解，用于组织数据库的计算机程序，称为数据库管理系统（DBMS）。地理数据库包括数据格式的选择和转换及数据的查询、提取等。

数据变换：包括两类操作，一是变换的目的是从数据中消除错误，更新数据，与其他数据库匹配等；二是为回答 GIS 提出的问题而采用的大量数据分析方法。空间数据和非空间数据可单独或联合进行变换运算。比例尺变换、数据和投影变换，数据的逻辑检索、面积和边长计算等，都是 GIS 一般变换的特征。其他一些变换可以偏重专业应用，也可以将数据合并到一个只满足特定用户需要的专门化 GIS 系统。

数据显示与输出：是指原始数据或分析、处理结果数据的显示和向用户输出。数据以地图、表格、图像等多种形式表示。可以在屏幕上显示或通过打印机、绘图仪输出,也可以以数字形式记录在磁介质上。

用户接口模块:用于接收用户的指令和程序或数据,是用户和系统交互的工具,主要包括用户界面、程序接口与数据接口。由于地理信息系统功能复杂,且用户又往往是非计算机专业人员,因此用户界面(或人机界面)是地理信息系统应用的重要组成部分,它通过菜单技术、用户询问语言的设置,还可采用人工智能的自然语言处理技术与图形界面等技术,提供多窗口和光标或鼠标选择菜单等控制功能,为用户发出操作指令提供方便。该模块还随时向用户提供系统运行信息和系统操作帮助信息,这就使地理信息系统成为人机交互的开放式系统。而程序接口和数据接口可分别为用户连接各自特定的应用程序模块和使用非系统标准的数据文件提供方便。

③应用分析软件。应用分析软件是指系统开发人员或用户根据地理专题或区域分析的模型编制的用于某种特定应用任务的程序,是系统功能的扩充和延伸。应用程序作用于地理专题数据或区域数据,构成 GIS 的具体内容,这是用户最为关心的真正用于地理分析的部分,也是从空间数据中提取地理信息的关键。用户进行系统开发的大部分工作是开发应用程序,而应用程序的水平在很大程度上决定系统实用性的优劣和成败。

(3)地理空间数据

在计算机环境中,数据是描述地理对象的一种工具,它是计算机可直接识别、处理、储存和提供使用的手段,是一种计算机的表达形式,地理空间数据是 GIS 的操作对象,是 GIS 所表达的现实世界经过模型抽象的实质性内容,地理空间数据实质上就是指以地球表面空间位置为参照,描述自然、社会和人文经济景观的数据,主要包括数字、文字、图形、图像和表格等。这些数据可以通过数字化仪、扫描仪、键盘、磁带机或其他系统输入 GIS,数据资料和统计资料主要是通过图数转换装置转换成计算机能够识别和处理的数据。图形资料可用数字化仪输入,图像资料多采用扫描仪输入,由图形或图像获取的地理空间数据以及由键盘输入或转储的地理空间数据,都必须按一定的数据结构将它们进行存储和组织,建立标准的数据文件或地理数据库,以便于 GIS 对数据进行处理或提供用户使用。

(4)系统开发、管理和使用人员

人是地理信息系统中的重要构成因素,GIS 不同于一幅地图,而是一个动态的地理模型,仅有系统软硬件和数据还构不成完整的地理信息系统,需要人进行系统组织、管理和维护以及数据更新、系统扩充完善、应用程序开发,并采用地理分析模型提取多种信息。

地理信息系统必须置于合理的组织联系中。如同生产复杂产品的企业一样，组织者要尽量使整个生产过程形成一个整体。要做到这些，不仅要在硬件和软件方面投资，还要在适当的组织机构中重新培训工作人员和管理人员方面投资，使他们能够应用新技术。近年来，硬件设备连年降价而性能则日趋完善与增强，但有技能的工作人员及优质廉价的软件仍然不足，只有在对GIS合理投资与综合配置的情况下，才能建立有效的地理信息系统。

3.GIS的功能

实践中不同的地理信息系统，具有不同的功能。尽管目前商用GIS软件的优缺点各不相同，而且实现这些功能所采用的技术也不一样，但是大多数商用GIS软件包都提供了如下的功能：数据的获取、数据的编辑、数据的存储，数据的查询与分析以及图形的显示与交互等。

（1）数据采集与输入

数据采集主要用于获取数据，保证地理信息系统数据库中的数据在内容与空间上的完整性、数值逻辑一致性与正确性等。一般而论，地理信息系统数据库的建设要占整个系统建设投资的70%以上。

数据输入是地理信息系统研究的重要内容，它是把现有资料转换为计算机可处理的形式，按照统一的参考坐标系统、统一的编码、统一的标准和结构组织到数据库中的数据处理过程。

目前，可用于地理信息系统数据采集的方法与技术很多，数据输入子系统包括将现有地图、野外测量数据、航空相片、遥感数据、文本资料等转换成与计算机兼容的数字形式的各种处理转换软件。许多计算机操纵的工具都可以用于输入，如：人机交互终端、扫描仪、数字摄影测量仪器、磁带机、CD－ROM和磁盘机等。针对不同的仪器设备，系统应配置相应的软件，并保证将得到的数据规范化后送入地理数据库中。

（2）数据编辑

数据编辑是指对地理信息系统中的空间数据和属性数据进行数据组织、修改等。针对数据的不同，可分为空间数据编辑和属性数据编辑。其中，空间数据编辑是GIS的特色，是利用地理信息系统软件工具，对现有的已采集到的空间数据进行处理和再加工的过程。通过各种渠道，运用各种手段采集而来的数据，在建立空间数据库和应用分析以前，都需要按照系统设计要求进行数据组织，然后进行修改。

现在的地理信息系统都具有很强的图形编辑功能，图形编辑包括：矢量数据编辑和栅格数据编辑。矢量数据编辑功能包括：图形编辑、属性检查与编辑、拓扑关系检查与编辑、注记和符号编辑等。栅格数据编辑用于处理以栅格结构表示的数据，如数据高程模型（DEM）数据、卫星影像、航空影像、数字栅格地图等。在进行地图数字化时，普遍采用扫描矢量化方式。如果扫描图的质量不是很好，那么要对扫描所得的影像进行预处理，以提高矢量化的效率和影像的质量。

（3）数据存储管理

数据存储管理是建立地理信息系统数据库的关键步骤，涉及空间数据和属性数据的组织。数据存储和数据库管理涉及地理元素（地物的点，线、面）的位置，空间关系以及如何组织数据，使其便于计算机处理和系统用户理解等。用于组织数据库的计算机程序称为数据库管理系统（DBMS）。数据模型决定了数据库管理系统的类型。目前通用数据库的模型一般采用层次模型、网状模型和关系模型。最近，一些扩展的关系数据库管理系统（如 Oracle 等）增加了空间数据类型，可以用于管理 GIS 的图形和属性数据。

（4）空间查询和分析

空间查询是地理信息系统以及许多其他自动化地理数据处理系统应具备的最基本的分析功能。空间分析是地理信息系统的核心功能，也是地理信息系统与其他计算机系统的根本区别。模型分析是在地理信息系统支持下，分析和解决现实世界中与空间相关的问题，是地理信息系统应用深化的重要标志。

虽然数据库管理系统一般提供了数据库查询语言，如 SQL 语言，但对于 GIS 而言，需要对通用数据库的查询语言进行补充或重新设计，使之支持空间查询。在人们的日常生活中，许多衣食住行等实际问题，都与地理信息系统的应用密切相关。例如，某个商场在哪里？这个商场距离居住地有多远？走哪一条路才能以最短的距离到达该商场？在某一城市中，居住用地、城市绿地、水域的面积各是多少？这些查询问题是 GIS 所特有的。所以，一个功能强的 GIS 软件，应该设计一些空间查询语言，满足常见的空间查询的要求，增加空间查询模块。

空间分析是比空间查询更深层的应用，内容更加广泛，包含地形分析、土地适应性分析、网络分析、叠加分析、缓冲区分析和决策分析等。随着 GIS 应用范围的扩大，GIS 软件的空间分析功能将不断增加。

就一般空间查询而言，用户可以就某个地物或区域本身的直接信息进行双向查询，即根据图形查询相应的属性信息。反之，可以按照属性信息，查找相对应的地理目标。除此之外，经过适当地选择变换方法，还可以从 GIS 目标之间的空间关系中获得新的派生信息和新的知识，来回答有关空间关系查询和进行空间分析。基本的查询与空间分析操作主要包括拓扑空间查询、拓扑叠加分析、缓冲区分析等。

(5) 数据显示与输出

地理信息系统的可视化表现，就是将已经获取的各种地理空间数据，经过空间可视化模型的计算机分析，转换成可以被人们的视觉感知的计算机二维（或三维）图形和图像。地理空间数据包括图形、图像和属性信息，还包括与地理对象有关的音频、视频、动画等多媒体信息，这些存储于计算机中的空间地理数据是看不见、摸不着的东西，而人们在日常生活和交往中，早已习惯运用图形、照片、表格等方式来表达各种地理要素的空间分布和关系。因此，地图是空间地理数据可视化表现最常见的形式。

随着计算机技术、信息技术和网络技术的发展，空间地理数据可视化的表现方法和模式也正在日新月异地改变。现在除了二维的静态地图表示以外，已经出现了动态三维表现、图形数据和多媒体数据混合表现、网上地图和多媒体信息浏览以及虚拟现实技术等。

地理信息系统为用户提供了许多用于地理数据表现的工具，其形式既可以是计算机屏幕显示，也可以是诸如报告、表格、地图等硬拷贝图件，尤其要强调的是地理信息系统的地图输出功能。一个好的地理信息系统应能提供一种良好的、交互式的制图环境，以便地理信息系统的使用者能够设计和制作出高质量的地图。

（二）GIS 技术应用

1. 数据的获取与处理

(1) 地理信息系统的数据

地理信息系统的一个重要部分就是数据。陈述彭先生曾经把地理信息系统中的数据比作水利设施中的水，没有了水，水利设施便无法发挥作用。GIS 中没有了数据，便成了无米之炊。可见，地理空间数据是地理信息系统的血液，如同汽油是汽车的血液一样。实际上整个地理信息系统都是围绕空间数据的采集、加工、存储、分析和表现展开的。空间数据源、空间数据的采集手段、生产工艺、数据的质量都直接影响到地理信息系统应用的潜力，成本和效率。

从总体上分类，地理信息系统的数据可以分为图形图像数据与文字数据两大类。其中，各种文字数据包括各类调查报告、文件、统计数据、实际数据与野外调查的原始记录等，如人口数据、经济数据、土壤成分、土地分类数据、环境数据；图形图像数据包括现有的地图、工程图、现状图、规划图、照片、航空与遥感影像等。

属性数据也称为统计数据或专题数据。属性数据是对目标的空间特征以外的目标特性的详细描述，包含了对目标类型的描述和目标的具体说明与描述。目标类型的定义是每个空间目标所必需的，所以该项内容也称为地物类型的定义。至于其他说明信息则视需要而定。有些地物类型可能不需要说明属性；而有些地理信息目标的属性很多，如在土地利用信息系统中，一个地块的属性可能有 20~30 项。

属性数据一般采用键盘输入，输入的方式有两种：一种是对照图形直接输入；另一种是预先建立属性表结构输入属性，或从其他统计数据库中导入属性，然后根据关键字与图形数据自动连接。

属性数据一般为字符串和数字，但随着多媒体技术的发展，图片、录像、声音和文本说明等也常作为空间目标的描述特性。

(2) 地图的数字化

基础地理信息来源多种多样，如现有地图（地形图，专题地图）、全野外数字测图（GPS/全站仪，电子手簿）、卫星影像、航空相片、调查统计数据、现有的数据文件、数据库等。

随着技术的发展，人们对地图的要求进一步提高。由于传统纸质地图效率、速度和精度很低，因此难以适应现代和未来科技的发展。而通过 GIS 工具，可以把纸质地图经过一系列处理转换成可以在屏幕上显示的矢量化地图，满足人们使用地图的新的要求。

把纸质地图经过计算机图形图像系统光电转换量化为点阵数字图像，经图像处理和曲线矢量化，或者直接进行手扶跟踪数字化后，生成为可以为地理信息系统显示、修改、标注、漫游、计算、管理和打印的矢量地图数据文件，这种与纸质地图相对应的计算机数据文件称为矢量化电子地图。这种地图工作时需要有应用软件和硬件系统的支撑。对矢量化地图的操作是以人机交互方式，通过 GIS 应用软件对硬件设备的控制来实现的。

手扶跟踪数字化（manul digitising）工作量非常繁重，但是它仍然是目前最广泛采用的将已有地图数字化的手段之一。

手扶跟踪数字化的工作效率受三种因素的影响：首先是地图的预处理，操作员应该不假思索或仅简单考虑就能区分出地图上哪些要素应该输入，哪些要素不应该输入；其次是操作员的熟练程度；再次是计算机软件的设计是否便于操作。而数字化工作的质量主要受原地图的精度、操作者的经验和对工作的负责态度，以及数字化仪本身的分辨率和误差的影响。

随着计算机软件和硬件价格的逐渐降低，并且提供了更多的功能，空间数据获取成本成为 GIS 项目中最主要的成分。由于手扶跟踪数字化需要大量的人工操作，使得它成为以数字为主的应用项目瓶颈。扫描矢量化技术的出现无疑为空间数据录入提供了有力的工具。

多数扫描仪是按栅格方式扫描后将图像数据交给计算机处理。在扫描后处理中，需要进行栅格转矢量的运算，一般称为扫描矢量化过程。扫描矢量化可以自动进行，但是扫描地图中包含多种信息，系统难以自动识别分辨（例如，在一幅地形图中，有等高线、道路、河流等多种线状地物。尽管不同地物有不同的线形、颜色，但是对于计算机系统而言，仍然难以对它们进行自动区分），这使得完全自动矢量化的结果不那么"可靠"，所以在实际应用中，常常采用交互跟踪矢量化或者称为半自动矢量化。

（3）野外数据采集

对于大比例尺的地理信息系统而言，野外数据采集可能是一个主要手段，这里仅介绍与 GIS 数据采集有关的内容。

全站仪是电子经纬仪和激光测距仪的集成，它可以同时测量空间目标的距离和方位数据，并且可以进一步得到它的大地坐标数据。

现在已经普遍采用全球定位系统（global positioning system，GPS）直接测量地面点的大地经纬度和大地高度。这种卫星定位系统是 20 世纪 70 年代末由美国国防部主持发展起来的，它由 24 颗轨度高约 20000km 的卫星网络组成。这 24 颗卫星分布在 6 个均匀配置的轨道上。在地球表面任一地点均可以同时接收到 4 颗以上卫星信号。卫星定位是在地心空间大地直角坐标系（O－XYZ）中进行的，其中的大地直角坐标系和地心大地坐标系可以通过几何关系互相转换。

航空摄影获得的航空影像为数据源，利用立体相对的方法，在解析测图仪或立体测图仪上采集地形特征点，获得三维坐标数据。摄影测量在中国基本比例尺测图生产中起到了非常关键的作用。中国绝大部分 1∶10000 和 1∶50000 基本比例尺地形图使用摄影测量方法。同样，在 GIS 空间数据采集的过程中，随着数字测量技术的推广，摄影测量也将起到越来越重要的作用。摄影测量包括航空测量和地面摄影测量。地面摄影测量一般采用倾斜摄影或交向摄影，航空摄影一般采用垂直摄影。

遥感图像可以采用模拟法处理或数字图像处理。目前一般采用数字图像处理方法，特别是对 GIS 数据采集而言，遥感数字图像处理系统与 GIS 有着密切的关系。

（4）数据编辑处理

空间数据和非空间数据都输入计算机后，就要对输入的数据进行处理，数据处理是建立和应用地理信息系统过程中不可缺少的一个阶段。在这个阶段中，一方面可对输入的数据进行质量检查与纠正，其中包括图形数据和属性数据的编辑、图形数据和属性数据之间的对应关系的校验及纠正、空间数据的误差校正等；另一方面是对输入的图形数据进行整饰处理，以使这些图形数据能满足地理信息系统的各种应用要求，其中包括对矢量数据的压缩与光滑处理、拓扑关系的建立、矢量数据与栅格数据的相互转换、图形的线性变换和投影变换，地图符号的设计及调用、图框的生成、地图裁剪以及图幅拼接等。

数据编辑又叫数字化编辑，它是指对地图资料数字化后的数据进行编辑加工，其主要目的是在改正数据差错的同时，相应地改正数字化资料的图形。大多数数据编辑都是消耗时间的交互处理过程，编辑时间与输入时间几乎一样多，有时甚至更多。全部编辑工作都是把数据显示在屏幕上并由键盘和鼠标控制数据编辑的各种操作。因此，GIS的图形编辑系统，除具有图形编辑和属性编辑的功能外，还应具有窗口显示及操作功能，以达到数据编辑过程中交互操作的目的。

空间和非空间数据输入时会产生一些误差，主要有空间数据不完整或重复、空间数据位置不正确、空间数据变形、空间与非空间数据连接有误以及非空间数据不完整等。所以，在大多数情况下，空间和非空间数据输入以后，必须经过检核，然后才能进行交互式编辑。对图形数据编辑是通过向系统发布编辑命令（多数是窗口菜单）用光标激活来完成的，编辑命令主要有增加数据、删除数据和修改数据三类。

人们知道，地理信息系统所要获取、管理以及分析加工的地理信息有三种形态：即空间信息、属性信息和关系信息。

属性数据就是描述空间实体特征的数据集，这些数据主要用来描述实体要素类别、级别等分类特征和其他质量特征。

对属性数据的输入与编辑，一般在属性数据处理模块中进行。但为了建立属性描述数据与几何图形的联系，通常需要在图形编辑系统中设计属性数据的编辑功能，主要是将一个实体的属性数据连接到相应的几何目标上，亦可在数字化及建立图形拓扑关系的同时或之后，对照一个几何目标直接输入属性数据，一个功能强的图形编辑系统可提供查询、删除、修改、拷贝属性等功能。

2. 空间查询与分析

空间查询是GIS的最基本最常用的功能，也是它与其他数字制图软件相区别的主要特征。空间分析功能是GIS的主要特征和评价GIS软件的主要指标之一。

空间分析主要包括基于空间图形数据的分析运算、基于非空间属性的数据运算以及空间和非空间数据的联合运算。空间分析的目的是解决人们所涉及地理空间的实际问题，提取和传输地理空间信息（尤其是隐含信息），以便进行辅助决策。

(1) 空间查询

查询和定位空间对象，并对空间对象进行量算是地理信息系统的基本功能之一，它是地理信息系统进行高层次分析的基础。图形与属性互查是最常用的查询，主要有两类。第一类是按属性信息的要求来查询定位空间位置，称为"属性查图形"。第二类是根据对象的空间位置查询有关属性信息，称为"图形查属性"。

一般 GIS 中，提供的空间查询方式有：空间定位查询、空间关系查询、SQL 查询。

空间定位查询是指给定一个点或一个几何图形，检索出该图形范围的空间对象以及相应的属性。空间实体间存在多种空间关系，包括拓扑、顺序、距离、方位等关系。通过空间关系查询和定位空间实体是地理信息系统不同于一般数据库系统的功能之一。

空间关系查询包括空间拓扑关系查询和缓冲区查询。空间关系查询有些是通过拓扑数据结构直接查询得到，有些是通过空间运算，特别是空间位置的关系运算得到。

将 SQL 查询和空间关系查询结合起来是 GIS 研究的一个重要课题，即将 SQL 的属性条件和空间关系的图形条件组合在一起形成扩展的 SQL 查询语言。这些空间关系与属性条件组合在一起，进行复杂的空间查询，可以给用户带来很大的方便。

(2) 缓冲区分析

所谓缓冲区就是地理空间目标的一种影响范围或服务范围。从数学的角度看，缓冲区分析的基本思想是给定一个空间对象或集合，确定它们的邻域，邻域的大小由邻域半径决定。

邻近度（proximity）描述了地理空间中两个地物距离相近的程度，其确定是空间分析的一个重要手段。交通沿线或河流沿线的地物有其独特的重要性，公共设施（商场、邮局、银行、医院、车站、学校等）的服务半径，大型水库建设引起的搬迁，铁路、公路以及航运河道对其所穿过区域经济发展的重要性等，均是一个邻近度问题。缓冲区分析是解决邻近度问题的空间分析工具之一。

(3) 叠加分析

大部分 GIS 软件是以分层的方式组织地理景观，将地理景观按主题分层提取，同一地区的整个数据层集表达了该地区地理景观的内容。每个主题层，可以叫作一个数据层面。数据层面既可以用矢量结构的点、线、面图层文件方式表达，也可以用栅格结构的图层文件格式进行表达。

叠加分析是地理信息系统最常用的提取空间隐含信息的手段之一。该方法源于传统的透明材料叠加，把来自不同的数据源的图纸绘于透明纸上，在透光桌上将其叠放在一起，然后用笔勾出感兴趣的部分，提取出感兴趣的信息。地理信息系统的叠加分析是将有关主题层组成的数据层面，进行叠加产生一个新数据层面的操作，其结果综合了原来两层或多层要素所具有的属性。叠加分析不仅包含空间关系的比较，还包含属性关系的比较。地理信息系统叠加分析可以分为以下几类：视觉信息叠加、点与多边形叠加、线与多边形叠加、多边形叠加、栅格图层叠加。

(4) 网络分析

对地理网络（如交通网络）、城市基础设施网络（如各种网线、电力线、电话线、供排水管线等）进行地理分析和模型化，是地理信息系统中网络分析功能的主要目的。网络分析是运筹学模型中的一个基本模型，它的根本目的是研究、筹划一项网络工程如何安排，并使其运行效果最好，如一定资源的最佳分配，从一地到另一地的运输费用最低等。其基本思想则在于人类活动总是趋于按一定目标选择达到最佳效果的空间位置。这类问题在社会经济活动中不胜枚举，因此在地理信息系统中此类问题的研究具有重要意义。

3. GIS 二次开发与应用

地理信息系统（geographic information system，GIS）根据内容可分为两大基本类型：一是应用型 GIS，以某一专业、领域或工作为主要内容，包括专题 GIS 和区域综合 GIS；二是工具型 GIS，也就是 GIS 工具软件包（如 ArcInfo 等），具有空间数据输入、存储、处理、分析和输出等 GIS 基本功能。随着 GIS 应用领域的扩展，应用型 GIS 的开发工作日显重要。如何针对不同的应用目标，高效地开发出既合乎需要又具有方便、美观、丰富的界面形式的 GIS，是 GIS 开发者非常关心的问题。

(1) GIS 二次开发的实现方式

①独立开发。独立开发指不依赖了任何 GIS 工具软件，从空间数据的采集、编辑到数据的处理分析及结果输出，所有的算法都由开发者独立设计，然后选用某种程序设计语言（如 VisualC++，Delphi 等），在一定的操作系统平台上编程实现。这种方式的好处在于：无须依赖任何商业 GIS 工具软件，可减少开发成本。但对于大多数开发者来说，能力、时间、财力方面的限制使其开发出来的产品很难在功能上与商业化 GIS 工具软件相比，而且在 GIS 工具软件节省下的钱可能还抵不了开发者在开发过程所花的代价。

②单纯二次开发。单纯二次开发指完全借助了 GIS 工具软件提供的开发语言进行应用系统开发。GIS 工具软件大多提供了可供用户进行二次开发的宏

语言，如 ESRI 公司的 AreView 提供了 Avenue 语言，Maplnfo 公司研制的 Maplnfo Professional 提供了 MapBasic 语言等，用户可以利用这些宏语言，以原 GIS 工具软件为开发平台，开发出针对不同应用对象的应用程序，这种方式虽省时省心，但进行二次开发的宏语言作为编程语言只能算是二流语言，功能极弱，用它们来开发应用程序仍然不尽如人意。

③集成二次开发。集成二次开发是指利用专业的 GIS 工具软件（如 ArcView，Maplnfo 等），实现 GIS 的基本功能，以通用软件开发工具，尤其是可视化开发工具，如 Delphi，VisualC++，Visual Basic.PowerBuilder 等为开发平台，进行二者的集成开发。

集成二次开发目前主要有 OLE/DDE 和 GIS 组件两种方式。

第一种，采用 OLE（object linking and embedding，对象链接与嵌入）自动化技术或利用 DDE 技术，用软件开发工具开发前台可执行应用程序，以 OLE 自动化方式或 DDE 方式启动 GIS 工具软件在后台执行，利用回调（Callback）技术动态获取其返回信息，实现应用程序中的地理信息处理功能。

第二种，利用 GIS 工具软件生产厂家提供的建立在 OCX 技术基础上的 GIS 功能组件（如 ESRI 的 MapObjects、Maplnfo 公司的 MapX 等），在 Delphi 等编程工具编制的应用程序中，直接将 GIS 功能嵌入其中，实现地理信息系统的各种功能。

（2）数据管理设计

数据管理部分设计的目的是确定在数据管理系统中存储和检索数据的基本结构，其原则是要隔离数据管理方案的影响，而不管该方案是普通文件、关系数据库、面向对象数据库或是其他方式。

目前，主要有下述三种主要的数据管理方法：

①普通文件管理：普通文件管理提供基本的文件处理和分类能力。

②关系数据库管理系统（RDBMS）：关系型数据库管理系统建立在关系理论的基础上，采用多个表来管理数据，每个表的结构遵循一系列"范式"进行规范化，以减少数据冗余。

③面向对象的数据库管理系统（OO-DBMS）：面向对象的数据库是一种正在成熟的技术，它通过增加抽象数据类型和继承特性以及一些用来创建和操作类和对象服务，实现对象的持续存储。

在地理信息系统软件中，需要管理的数据主要包括：中间几何体数据、时间数据、结构化的非空间属性数据以及非结构化的描述数据。

（3）界面设计

对于成功的 GIS 软件，好的界面是不可或缺的。在进行 GIS 界面设计时，其界面应允许用户选择并检索相应的空间数据，操作这些数据，并且表现分析的结果。对于基本的数据检索、操作和表现，与普通的软件是一致的，在 GIS 中要考虑的是以下几个要素。

①数据处理由一系列空间的和非空间的操作组成，一个设计良好的界面使实现这些操作更加容易。与标准的关系数据库相比，GIS 所管理的数据更具有面向对象的特征，所以一个面向对象界面有利于用户与系统的交互操作，以完成数据处理。在 GIS 软件中，面向对象的界面设计包括将地理实体（如点、线、多边形）以及一些操作以象形的符号表现出来，而用户可以通过简单的点击、拖放等操作实现相应的数据处理。

②由于地理信息系统是基于图形的，其分析和解释的结果通常是以可视化的形式表现出来。可视化是指为了识别、沟通和解释模式或结构，概括性地表现信息的过程。空间分析需要考虑信息模式以及空间特征的感受，对于 GIS，可视化可以描述为从信息到知识的转化过程。对于地理信息系统，除了以可视化的形式表现各种信息，实现表达的所见即所得亦是界面设计的重要原则。

(4) 组件式 GIS 的开发

由于独立开发难度太大，单纯二次开发受 GIS 工具提供的编程语言的限制差强人意，因此结合 GIS 工具软件与当今可视化开发语言的集成二次开发方式就成为 GIS 应用开发的主流。它的优点是，既可以充分利用 GIS 工具软件对空间数据库的管理、分析功能，又可以利用其他可视化开发语言具有的高效、方便等编程优点，集二者之所长，不仅能大大提高应用系统的开发效率，而且使用可视化软件开发工具开发出来的应用程序具有更好的外观效果、更强大的数据库功能，而且可靠性好、易于移植、便于维护。尤其是使用 OCX 技术利用 GIS 功能组件进行集成开发，更能表现出这些优势。

组件式软件技术已经成为当今软件技术的潮流之一。为了适应这种技术潮流，GIS 软件同其他软件一样，已经或正在发生着革命性的变化，即由过去厂家提供全部系统或者具有二次开发功能的软件，过渡到提供组件由用户自己再开发的方向上来。无疑，组件式 GIS 技术将给整个 GIS 技术体系和应用模式带来巨大影响。

GIS 技术的发展，在软件模式上经历了功能模块、包式软件、核心式软件，如今发展到组件式 GIS 和 WebGIS 的过程。传统 GIS 虽然在功能上已经比较成熟，但是由于这些系统多是基于 10 多年前的软件技术开发的，属于独立封闭的系统。同时，GIS 软件变得日益庞大，用户难以掌握，费用昂贵，阻碍了 GIS 的普及和应用。组件式 GIS 的出现为传统 GIS 面临的多种问题提供了全新的解决思路。

组件式GIS的基本思想是把GIS的各大功能模块划分为几个控件,每个控件完成不同的功能。把GIS的功能适当抽象,以组件形式供开发者使用,将会带来许多传统GIS工具无法比拟的下述优点。

①小巧灵活、价格便宜。由于传统GIS结构的封闭性,往往使得软件本身变得越来越庞大,不同系统的交互性差,系统的开发难度大。在组件模型下,各组件都集中地实现与自己最紧密相关的系统功能,用户可以根据实际需要选择所需控件,最大限度地降低了用户的经济负担。组件化的GIS平台集中提供空间数据管理能力,并且能以灵活的方式与数据库系统连接。在保证功能的前提下,系统表现得小巧灵活,而其价格仅是传统GIS开发工具的1/10,甚至更少。这样,用户便能以较好的性能价格比获得或开发GIS应用系统。

②无须专门GIS开发语言,直接嵌入MIS开发工具。传统GIS往往具有独立的二次开发语言,对用户和应用开发者而言存在学习上的负担。而且使用系统所提供的二次开发语言,开发往往受到限制,难以处理复杂问题。而组件式GIS建立在严格的标准之上,不需要额外的GIS二次开发语言,只需实现GIS的基本功能函数,按照Microsoft的ActiveX控件标准开发接口。这有利于减轻GIS软件开发者的负担,而且增强了GIS软件的可扩展性。GIS应用开发者,只需熟悉基于Windows平台的通用集成开发环境,以及GIS各个控件的属性、方法和事件,就可以完成应用系统的开发和集成。目前,可供选择的开发环境很多,如VisualC++、VisualBasic、Visual FoxPro、BorlandC++、Delphi、C++Builder以及Power Builder等都可直接成为GIS或GMIS的优秀开发工具,它们各自的优点都能够得到充分发挥。这与传统GIS专门性开发环境相比,是一种质的飞跃。

③强大的GIS功能。新的GIS组件都是基于32位系统平台的,采用InProc直接调用形式,所以,无论是管理大数据的能力还是处理速度方面均不比传统GIS软件逊色。小小的GIS组件完全能提供拼接、裁剪、叠合、缓冲区等空间处理能力和丰富的空间查询与分析能力。

④开发简捷。由于GIS组件可以直接嵌入MIS开发工具中,故对于广大开发人员来讲,就可以自由选用他们熟悉的开发工具。此外,GIS组件提供的API形式非常接近MIS工具的模式,开发人员可以像管理数据库表一样熟练地管理地图等空间数据,无须对开发人员进行特殊的培训。在GIS或GMIS的开发过程中,开发人员的素质与熟练程度是十分重要的因素。这将使大量的MIS开发人员能够较快地过渡到GIS或GMIS的开发工作中,从而大大加速GIS的发展。

⑤更加大众化。组件式技术已经成为业界标准,用户可以像使用其他

ActiveX 控件一样使用 GIS 控件，使非专业的普通用户也能够开发和集成 GIS 应用系统，推动了 GIS 大众化进程。组件式 GIS 的出现使 GIS 不仅是专家们的专业分析工具，同时也成为普通用户对地理相关数据进行管理的可视化工具。

（5）组件式 GIS 的应用

各个 GIS 控件之间，以及 GIS 控件与其他非 GIS 控件之间，可以方便地通过可视化的软件开发工具集成起来，形成最终的 GIS 应用。控件如同一堆各式各样的积木，他们分别实现不同的功能（包括 GIS 和非 GIS 功能），根据需要把实现各种功能的"积木"搭建起来，就构成应用系统。

传统 GIS 软件与用户或者二次开发者之间的交互，一般通过菜单或工具条按钮、命令以及 GIS 二次开发语言进行。组件式 GIS 与用户和客户程序之间则主要通过属性、方法和事件进行交互。

属性（Properties）指描述控件或对象性质（Atributes）的数据，如：BackColor（地图背景颜色）、GPSIcon（用于 GPS 动态目标跟踪显示的图标）等。可以通过重新指定这些属性的值来改变控件和对象性质。在控件内部，属性通常对应于变量（Variables）。方法（Methods）指对象的动作（Actions），如：Show（显示）、AddLayer（增加图层）、Open（打开）、Close（关闭）等。通过调用这些方法可以让控件执行诸如打开地图文件、显示地图之类的动作。

事件（Events）指对象的响应（Responses）。当对象进行某些动作时（可以是执行动作之前、动作进行过程中或者动作完成后）激发一个事件，以便客户程序介入并响应这个事件。比如用鼠标在地图窗口内单击并选择一个地图要素，控件产生选中事件（如 ItemPicked）通知客户程序有地图要素被选中，并传回描述选中对象的个数、所属图层等有关选择集信息的参数。

属性、方法和事件是控件的通用标准接口，适用于任何可以作为 ActiveX 包容器的开发语言，具有很强的通用性。目前，可以嵌入组件式 GIS 控件集成 GIS 应用的可视化开发环境很多，根据 GIS 应用项目的特点和用户对不同编程语言的熟悉程度，可以比较自由地选择合适的开发环境，见表 6-1。其中，Microsoft 公司的 Visual Basic 和 Borland 公司的 Delphi 功能强大、易于使用，适合大多数 GIS 应用；而 Visual FoxPro 等开发环境适合建立数据库管理功能强大的 GIS 应用。

表 6-1　　几种可以使用组件式 GIS 应用集成的开发环境比较

可视化开发环境	特点及使用范围
VisualBasic Delphi C++Builder	具有较强的多媒体和数据库管理功能，且易于使用，适合大多数 GIS 应用。
VisualC++ BorlandC++ VisualFoxPro PowerBuildcr	功能强大，但对编程人员要求很高，适用于编程能力强的用户以及需要编写复杂的、底层的专业分析模型的 GIS 应用。 数据库管理功能强，适用于建立有大量关系数据的 GIS 应用。

第三节　水利信息化系统建设与运行管理

一、建设管理

水利信息化系统建设工程需严格遵循国家基本建设管理有关的法律法规，采用先进的管理手段，建立一套行之有效的工程建设管理制度，保障各种规章制度有效执行，探索多种考核与激励机制，对管理制度的执行进行监督，确保工程建设保质保量顺利完成。

（一）建设管理程序

①信息中心负责监督编制水利信息化系统建设工程的建设方案，并组织专家评审。

②信息中心根据专家审批通过的建设方案和工程建设的进度安排，提出水利信息网络系统、综合数据库、应用支撑平台、实时信息接收与处理系统、协同办公系统、网上审批系统、内网门户系统、外网网站系统、安全体系与标准规范的年度投资建议和建设计划，报送水利局。

③防汛办公室根据专家审批通过的建设方案和工程建设的进度安排，提出防汛抗旱指挥调度系统的年度投资建议和建设计划，报送信息中心进行技术审核，技术审核通过后报送水利局。

④水资源处根据专家审批通过的建设方案和工程建设的进度安排，提出水资源管理系统的年度投资建议和建设计划，报送信息中心进行技术审核，技术审核通过后报送水利局。

⑤灌区管理处根据专家审批通过的建设方案和工程建设的进度安排，提出灌区信息管理系统的年度投资建议和建设计划，报送信息中心进行技术审核，

技术审核通过后报送水利局。

⑥水土保持工作站根据专家审批通过的建设方案和工程建设的进度安排，提出水土保持管理系统的年度投资建议和建设计划，报送信息中心进行技术审核，技术审核通过后报送水利局。

⑦水利工程建设与管理处根据专家审批通过的建设方案和工程建设的进度安排，提出水利工程建设与管理系统的年度投资建议和建设计划，报送信息中心进行技术审核，技术审核通过后报送水利局。

⑧水利局将水利信息化系统建设工程的年度投资建设计划下达各业务处室，各业务处室将项目建设的具体计划报水利局，水利局以文件形式下达年度建设任务。

⑨各业务处室根据有关规定组织招标，选定承建单位或供货商，并签订合同。

⑩各业务处室编制相关工程的报表和决算，工程的竣工决算由水利局审核后按规定上报财政局审批。

（二）工程建设

①工程建设严格按照基本建设程序组织实施，执行项目法人责任制、招标投标制、建设监理制和合同管理制。

②各单项工程的建设严格按照批准的设计进行。不得擅自变动建设规模、建设内容、建设标准和年度建设计划。因外部环境发生变化（如技术进步、价格变化等），需要修订工程的重要指标、技术方案和设备选型等设计的，应及时报请原审批单位批准。

③各单项工程实施招标投标选取施工单位，各业务处室根据情况邀请纪检监察部门参加较大项目的招标全过程。

④水利信息化系统建设工程的建设实施监理制。

⑤各业务处室要建立工程建设进度报告制度，向水利局分管领导报告月、年工程建设进度。按照基础建设项目有关规定指派专人准确收集、整理项目建设情况，及时上报。

⑥建立科学、严格的档案管理制度。各业务处室要指定专人负责档案管理，及时建档保存工程建设过程中的各种文件（如标准、规范、规章制度、各种设计报告和验收报告等），并建立完整的文档目录。

（三）工程质量控制

①水利信息化系统建设工程的质量由各业务处室负责。项目的设计、施工、监理，以及设备、材料供应等单位应按照国家有关规定和合同负责所承担工程的质量，并实行质量终身责任制。

②监理单位、参与建设的单位与个人有责任和义务向有关单位报告工程质量问题。质量管理应有专人负责，定期报告工程质量，责任人和监理人要签字负责。

③工程建设实行质量一票否决制，对质量不合格的工程，必须返工，直至验收合格，否则验收单位有权拒绝验收，各业务处室有权拒付工程款。工程使用的材料、设备和软件等，必须经过质量检验，不合格的不得用于工程建设。

（四）资金管理

①水利信息化系统建设工程建设资金严格按照基本建设程序、水利局有关财务管理制度和合同条款规定进行管理。严格执行《中华人民共和国会计法》《中华人民共和国预算法》《基本建设财务管理规定》《国有建设单位会计制度》等有关法律法规的规定。

②各业务处室要按照基本建设会计制度，建立基础建设账户，做到专门设账，独立核算，专人负责，专项管理，专款专用。

③各个项目的建设严格按照批准的建设规模、建设内容和批准的概算实施。不得随意调整概算、资金使用范围，不得挪用、拆借建设资金。施工中发生必要的设计变更或概算投资额调整时，要事先报请上级单位审批。

（五）监督检查

①水利局定期派人深入现场，对项目的进展、质量和资金使用情况进行监督检查。可组织技术专家进行技术指导，做到及时发现和解决问题。

②各业务处室要自觉接受计划、财务、审计和建设管理部门的监督检查。

③对挪用、截留建设资金的，追还被挪用、截留的资金，并予以通报批评。情节严重的，依法给予有关责任人行政处分；构成犯罪的，依法追究有关责任人的刑事责任。

（六）项目验收和资产移交

①水利信息化系统建设工程中能够独立发挥作用的单项工程，应建设一个、决算一个、验收一个、移交一个、运行一个；实行"边建设、边决算、边移交"。

②编制完成的项目竣工财务决算，须先通过审计部门审计。

③项目竣工验收后，建设单位要按照规定落实运行维护资金，向运行管理单位办理工程移交手续，并及时将项目新增资产移交给运行管理单位，正式投入运行。

（七）招标方案

①所有系统都采用公开招标方式选取承建单位。

②采用招标或委托方式确定监理单位。

③招标的组织形式：有关业务处室负责选择招标代理机构，委托其办理招标事宜。对于一些项目，由于涉及专业多，覆盖范围广，专业性很强，可以采用自行招标的形式，但自行招标的应按有关规定和管理权限经建设管理部门核准后方可办理自行招标事宜。

（八）项目监理

1. 需要实行监理的项目

水利部颁布的《水利工程建设监理规定》规定大中型水利工程建设项目，必须实施建设监理。工信部颁布的《信息系统工程监理暂行规定》中要求国家级、省部级、地市级的信息系统工程和使用国家财政性资金的信息系统工程应当实施监理。为此，水利信息化系统工程的所有单项工程原则上都应实施项目监理。

2. 监理单位的选择

按照国家有关规定，信息工程监理的选择，可以由招标投标确定，也可以由业主选定。因此，根据水利信息化系统工程的特点，在单项工程项目中，拟分不同情况确定项目监督管理单位：

①对预算费用较大的工程项目，采用招标方式确定监理单位。

②对小批量设备采购及安装项目和计算机网络系统集成等，由建设单位指定具有资质的监理单位。

③应用系统软件开发是水利信息化系统工程中监理难度最大的一类项目，应采取招标投标确定监理单位和聘请本领域专家跟踪监督项目相结合的办法进行监理。

二、运行管理

（一）运行管理机构及职能

要保证系统正常运行，人们须建立运行管理机构和技术支持中心，配备必要的技术人员，购置仪器和交通工具，安排相应的运行维护经费，制定切实可行的运行管理制度，形成完整的运行维护管理体系，并调动各个单位的应用积极性，提高系统运行和维护工作的主动性，保证系统能够长期稳定地发挥作用和效益。

信息中心是本系统的运行管理机构。运行管理机构通过网络中心监控全系统的运行，并负责应用系统和骨干网的维护，协调和处理全系统运行过程中出现的重大问题，完善与制定技术标准和规范。

（二）运行管理制度

工程的运行维护涉及面广，要建立可行的管理制度。各类管理制度应从如下几个方面予以考虑：

①明确网络中心等运行维护管理机构的地位和职责，明确各级机构间的业务关系和管理目标。

②建立一整套有关运行维护管理的规章制度，主要包括运行维护管理的任务、系统文档、硬件系统、软件系统的管理办法，数据库维护更新规则，管理人员培训考核办法和岗位责任制度等。

③建立考核激励机制，不断提高运行维护的水平，保证系统长期稳定运行。制定严格的规章制度及其监督执行措施，是系统正常运行的根本保证。运行管理部门制定的管理办法及规章制度应包括岗位责任制度、设备管理制度、安全管理制度、技术培训制度、文档管理制度等。

（三）运行管理岗位职责

1. 网络管理员职责

网络管理员的职责如下：

①负责本单位有关计算机网络设备日常维护运行工作，定期对本单位所管辖的网络设备进行检查。

②自觉执行单位、部门制定的各项计算机网络设备管理制度。

③负责计算机网络设备使用技术培训工作。

④负责本单位计算机网络设备日常备品备件、消耗品及设备升级改造方面的计划编制等工作。

⑤负责管理好授权网络管理员的账号，及时为其他计算机网络用户提供指导帮助。

⑥配合有关部门做好计算机网络设备的维护、检查和改造等工作。

⑦做好网络运行情况的分析和统计工作，及时对有关问题提出改进意见并督促实施。

2. 数据库管理员职责

数据库管理员负责数据库系统的日常运行、管理和维护工作。其具体职责如下：

①整理和重新构造数据库的职责：数据库在运行一段时间后，有新的信息需求或某些数据需要更改，数据库管理员负责数据库的整理和修改，负责模式的修改以及由此引起的数据库的修改。

②监控职责：在数据库运行期间，为了保证有效地使用数据库管理系统，对用户的使用存取活动引起的破坏必须进行监视，对数据库的存储空间、使用效率等必须进行统计和记录，对存在的问题提出改进建议，并督促实施。

③恢复数据库的职责：数据库运行期间，由于硬件和软件的故障会使数据

库遭到破坏，必须进行必要的恢复，确定恢复策略。

④及时对数据库进行定期和不定期的备份。

⑤对数据库用户进行技术支持。

3. 安全管理员职责

安全管理员的职责如下：

①针对网络架构，建议合理的网络安全方案及实施办法。

②定期进行安全扫描和模拟攻击，分析扫描结果和入侵记录，查找安全漏洞，网络工程师、操作系统管理员提供安全指导和漏洞修复建议，并督促实施，协助操作系统管理员及时进行应用系统及软件的升级或修补。

③定期检查防火墙的安全策略及相应配置。

④定期举办网络安全培训和讲座，讲授安全知识和最新安全问题，以提高网络工程师、操作系统管理员的安全意识。

4. 应用系统管理员职责

应用系统管理员的职责如下：

①负责应用系统的安装和调试。

②负责应用系统设置、使用管理等日常管理工作。

③定期对应用系统进行检查。

④及时了解应用系统的使用情况，对存在问题提出改进意见并督促实施；做好应用系统使用人员的培训工作。

参考文献

[1] 吕燕亭，郑灿强. 水利工程施工技术研究 [M]. 延吉：延边大学出版社，2024.

[2] 卢宁，李明金，李旭东. 水利工程施工质量控制与安全管理 [M]. 延吉：延边大学出版社，2024.

[3] 高云昌，徐小文. 水利工程设计与施工研究 [M]. 北京：北京三合骏业文化传媒有限公司，2024.

[4] 李伟伟，董欣婷，马习贺. 水利工程测量与施工组织管理研究 [M]. 哈尔滨：哈尔滨出版社，2024.

[5] 任海民. 水利工程施工管理与组织研究 [M]. 北京：北京工业大学出版社，2023.

[6] 宋金喜，曲荣良，郑太林. 水文水资源与水利工程施工建设 [M]. 长春：吉林科学技术出版社，2023.

[7] 杜海燕，夏薇. 水利工程施工管理技术措施研究 [M]. 北京：现代出版社，2023.

[8] 谷祥先，凌风干，陈高臣. 水利工程施工建设与管理 [M]. 长春：吉林科学技术出版社，2023.

[9] 宋晓黎. 水利工程施工组织与管理 [M]. 郑州：黄河水利出版社，2023.

[10] 典松鹤，苗春雷，刘春成. 水利工程施工安全管理研究 [M]. 延吉：延边大学出版社，2023.

[11] 刘波，刘洋洋，王俊. 水利工程施工组织和管理研究 [M]. 延吉：延边大学出版社，2023.

[12] 高斌，王化琮，杨帅. 水利工程施工技术与管理实践 [M]. 延吉：延边大学出版社，2023.

[13] 赵春燕，国润平，赵银冬. 水利工程施工建设与管理实践 [M]. 北京：原子能出版社，2023.

[14] 兰新建，汤凤霞，刘新刚. 水利工程施工技术与管理创新研究

[M]. 延吉：延边大学出版社，2023.

[15] 刘佰华. 水利工程施工组织与管理研究［M］. 北京：中国纺织出版社，2023.

[16] 霍雅静，张吉成，安玉海. 水利工程施工与水土保持规划研究［M］. 哈尔滨：哈尔滨地图出版社，2023.

[17] 王禹苏，张浩，李振友著. 水利工程管理与施工技术研究［M］. 长春：吉林科学技术出版社，2023.

[18] 李宗权，苗勇，陈忠. 水利工程施工与项目管理［M］. 长春：吉林科学技术出版社，2022.

[19] 赵黎霞，许晓春，黄辉. 水利工程与施工管理研究［M］. 长春：吉林科学技术出版社，2022.

[20] 耿娟，严斌，张志强. 水利工程施工技术与管理［M］. 长春：吉林科学技术出版社，2022.

[21] 朱卫东，刘晓芳，孙塘根. 水利工程施工与管理［M］. 武汉：华中科技大学出版社，2022.

[22] 田茂志，周红霞，于树霞. 水利工程施工技术与管理研究［M］. 长春：吉林科学技术出版社，2022.

[23] 刘宗国，吴秀英，夏伟民. 水利工程施工技术要点及管理探索［M］. 长春：吉林科学技术出版社，2022.

[24] 王科新，李玉仲，史秀惠. 水利工程施工技术的应用探究［M］. 长春：吉林科学技术出版社，2022.

[25] 丁亮，谢琳琳，卢超. 水利工程建设与施工技术［M］. 长春：吉林科学技术出版社，2022.

[26] 屈凤臣，王安，赵树. 水利工程设计与施工［M］. 长春：吉林科学技术出版社，2022.

[27] 宋宏鹏，陈庆峰，崔新栋. 水利工程项目施工技术［M］. 长春：吉林科学技术出版社，2022.

[28] 高艳. 水利工程信息化建设与设备自动化研究［M］. 郑州：黄河水利出版社，2022.

[29] 马德辉，于晓波，苏拥军. 水利信息化建设理论与实践［M］. 天津：天津科学技术出版社. 2021.

[30] 曹刚，刘应雷，刘斌. 现代水利工程施工与管理研究［M］. 长春：吉林科学技术出版社，2021.

[31] 张燕明. 水利工程施工与安全管理研究［M］. 长春：吉林科学技术

出版社，2021.

　　[32] 王学洲，李筱峰，赵亮. 水利工程施工技术与工程项目管理 [M]. 长春：吉林科学技术出版社，2021.